国家软科学研究计划基金项目：《政府优化科技资源配置的评价指标体系构建研究》（2010GXQ5D334）成果

政府优化科技资源配置研究
——评价指标体系构建及政策建议

Zhengfu Youhua Keji Ziyuan Peizhi Yanjiu
Pingjia Zhibiao Tixi Goujian Ji Zhengce Jianyi

沈赤　章丹 ◎ 著

北京大学出版社

图书在版编目(CIP)数据

政府优化科技资源配置研究：评价指标体系构建及政策建议/沈赤，章丹著. —北京：北京大学出版社，2013.6
ISBN 978-7-301-22545-5

Ⅰ.①政… Ⅱ.①沈…②章… Ⅲ.①科学技术—资源配置—研究 Ⅳ.①G311

中国版本图书馆 CIP 数据核字（2013）第 105842 号

| 书　　　名：政府优化科技资源配置研究——评价指标体系构建及政策建议
| 著作责任者：沈赤　章丹　著
| 责 任 编 辑：董郑芳　倪宇洁
| 标 准 书 号：ISBN 978-7-301-22545-5/C·0906
| 出 版 发 行：北京大学出版社
| 地　　　址：北京市海淀区成府路 205 号　100871
| 网　　　址：http://www.pup.cn　新浪官方微博：@北京大学出版社
| 电 子 信 箱：ss@pup.pku.edu.cn
| 电　　　话：邮购部 62752015　发行部 62750672　编辑部 62753121
| 　　　　　　出版部 62754962
| 印 刷 者：三河市博文印刷厂
| 经 销 者：新华书店
| 　　　　　　650 毫米×980 毫米　16 开本　10.75 印张　140 千字
| 　　　　　　2013 年 6 月第 1 版　2013 年 6 月第 1 次印刷
| 定　　　价：25.00 元

未经许可，不得以任何方式复制或抄袭本书之部分或全部内容。
版权所有，侵权必究
举报电话：010-62752024　电子信箱：fd@pup.pku.edu.cn

目 录

第一章 导 论 … 1
- 一、研究背景 … 1
- 二、研究意义 … 4
- 三、研究报告主要内容 … 7

第二章 政府优化科技资源配置的理论分析 … 9
- 一、科技资源理论 … 9
- 二、科技资源配置理论 … 19
- 三、现代经济理论视角下的科技资源配置分析 … 23
- 四、科技资源配置及效率评价相关研究 … 30

第三章 政府优化科技资源配置系统分析 … 34
- 一、政府优化科技资源配置系统构成 … 35
- 二、政府优化科技资源配置系统结构及运行 … 38
- 三、政府优化科技资源配置系统的环境分析 … 47
- 四、政府优化科技资源配置的路径研究 … 49

第四章 政府优化科技资源配置评价体系分析 … 53
- 一、政府优化科技资源配置评价体系构建 … 53
- 二、政府优化科技资源配置评价指标体系 … 58
- 三、政府优化科技资源配置评价方法体系 … 67

第五章 政府优化科技资源配置评价体系应用分析 … 76
- 一、政府优化科技资源配置评价指标的选择 … 76
- 二、政府优化科技资源配置评价指标的检验 … 80
- 三、政府优化科技资源配置评价方法的比较与选择 … 83
- 四、国家层面政府优化科技资源配置评价 … 90
- 五、区域层面政府优化科技资源配置评价 … 104

六、省域层面政府优化科技资源配置评价 …………… 108
第六章　政府优化科技资源配置案例分析——以绍兴市为例 … 114
　　一、绍兴政府优化科技资源配置理论分析框架 ………… 115
　　二、绍兴市中小企业科技资源需求分析 ………………… 121
　　三、绍兴市科技资源的政府供给状况分析 ……………… 139
第七章　我国政府优化科技资源配置政策建议 ……………… 149
　　一、政府优化科技资源配置的国际经验借鉴 …………… 149
　　二、我国政府优化科技资源配置体系建设思路 ………… 156
　　三、我国政府优化科技资源配置的对策建议 …………… 159
参考文献 ……………………………………………………… 164

第一章 导　　论

一、研究背景

科技资源是"第一资源",是人类从事科技活动所利用的精神财富和各种物质财富的总称,它推动着整个经济和社会的发展。今天,经济、科技和社会发展逐渐趋于一体化,经济比较发达的国家和地区靠现有的产业优势和领先的科技发展地位,重新站在了新一轮的产业革命与技术革命起跑线的前端。一方面,需要加大对科技的投入来保持经济的持续增长以及社会的长期繁荣;另一方面,由于科技资源具有稀缺性,需要制定相应的科技政策以及选择合适的科技发展战略来对科技资源的投入、科技资源的发展状况以及科技资源的配置进行研究,这对整个国家或地区来说都是非常重要的。

我国科技资源的投入结构及分配不合理,配置机制不灵活、配置体制不够完善,这都会导致以下现象:科技项目的设置不合理;仪器设备重复购置;科技成果的转化率、科技资源的使用效率低下;企业缺乏竞争能力等。因此,我们应该合理地解决科技资源配置中存在的这些问题。

由于我国地域辽阔,科技资源配置的规模、效率和结构受到各方面的影响,主要是由于各行业对经济发展的不同作用以及各地区不同的经济发展水平引起的。我国科技发展存在以下两方面的问题:第一,科技投入方面严重不足;第二,科技投入有限,并且使用效率相当低。其主要原因是忽视了资源的资本属性以及市场机制的作用。

在计划经济体制下，整个社会的科技资源的配置、分配等全部纳入到政府的计划之中，一切科技资源都被视为公共资源，它排斥市场、排斥资本关系、排斥商品关系，实行的是单一的全民所有制，这导致包括科技资源在内的各种社会资源所具有的资本属性、商品属性被虚置。以上情况造成了科技经费投入渠道的单一，以及严重压制了全社会的创新力和创造力，再加上盲目的计划和官僚主义行为，导致了科技资源的极大浪费。

在十一届三中全会后，我国实行了改革开放政策，经济体制进行了改革，由原有的计划经济体制转向市场经济体制，在过渡期间，我国科技体制改革的内容包括以下方面：第一，科技成果的市场化和商品化是通过技术市场的培育推动的；第二，科研机构的企业化和市场化是通过科技拨款制度的变革推动的；第三，鼓励科技人员的自主创业及人员的自由流动，逐渐放开对科技人才的种种束缚，并对科研劳动形式进行多方面的探索；第四，大力推动科技投入的多元化。经过二十多年的科技体制改革，我国科技组织和科技生产关系在微观层次上已经发生了重大变化。

第一，大部分的科技成果由原有的非商品形态向价值形态和商品形态转化，成为物质财富生产的主要推动力，并且作为重要的生产和资本要素投入现有的生产过程中。具体表现在以下几方面：首先，科技人员或科研机构以其科研成果为商品进行入股、投资及参与分配；其次，由于商业价值的凸显，一些用于军事目的的研究成果以及公共事业领域的研究成果均转化为资本要素纷纷进入商业竞争领域。

第二，国有独立科研机构的股份化、企业化和民营化，促进了与社会主义市场经济体制相适应的现代科技体系的形成。同时，国有独立科研机构的股份化、企业化和民营化使得以公益性投入为主的科技生产资料由非营利性领域、非经营性领域转变成营利性领域和经营性领域。主要体现在科研设备、科研仪器、科研设施、科研经费资本及产学研联合体等大部分应用在具有开发性的科研机构。

第三,知识资本的产权体系已经发生了巨大的变化。在改革开放前,科研实体中的科技人员不可能是"资本"的所有者,而仅仅是"知本"的所有者。但是,如今却发生了巨大的变化:科技人员不仅是资本的所有者或主体,而且也是资本的一个重要因素。资本要素以其自身的经验、技巧、智力及专利等直接参与价值创造,并且通过各种途径参与价值分配,具体途径如间接或直接的股权、期权、分红权等形式,最终表现为由"知本"向"资本"的转换;作为科技资本的拥有者,逐渐开始以产权的主体身份直接参与企业的管理、决策和运营,并且已经成为高科技创业企业发展的主要力量,逐步摆脱了作为产业资本的"产权依附者"的地位。

第四,科技投入逐渐形成了多元化投资体系的格局,突破了原有单一的国有所有制的限制。国有科技投入也在方式、结构和投入性质方面发生了巨大的变化。如今除了少数公益性研究和少数基础研究以外,大部分科技经费都已经投入到营利性、竞争性和经营性领域中;以前,科技费用全部都是无偿投入,科技体制改革之后,科技投入发生了变化,开始实行部分项目有偿和部分项目无偿,前者主要针对市场竞争性较强的项目,后者主要针对市场竞争性弱的项目。

在微观层面上,科技基础的变化主要体现在:我国大部分区域的科技资源已经被作为重要的资本要素纳入到社会生产领域中,很大程度上已经摆脱了传统科技体制的束缚,发展为推动社会生产发展的重要力量。科技资源的资本化对科技资本运营也是一种客观存在,主要体现在经济生活舞台以及科技活动舞台上。换句话说,在经营运作方面充分考虑到科技资源特点等方面,将成为科技进步以及社会经济发展的客观必然要求。

科技体制改革的建立、区域创新体系及国家创新体系的建立,使得相关问题得到了改善,特别是区域科技资源的使用和配置问题,解决好区域科技资源使用效率和配置低下的问题,有助于"科技资源"向"科技资本"转型。目前,从宏观层面上对科技资源配置与使用问题进行研究的文献比较多,如果从微观经济学方面来研究科技资源的使用和配置,将有利于更深层次地解决其效率问题,并且有利于从宏观方面指导科技资源的使用和配置。

二、研究意义

本文关于科技资源配置的研究具有重要的理论与现实意义,主要表现在:

(一)科技资源配置研究的理论意义

首先,在低配置基础上建立的科技能力不具有竞争力和可持续性,低配置科技投入的增加只能给科技资源带来巨大的浪费。科技资源的集约性配置的形成是以效率提升为前提的;能力的提升只有建立在效率提高的基础上才具有竞争力和持续性,才有助于提高我国经济发展水平和竞争力。所以,是单纯的科技资源增量的提高还是大幅度的增加科技投入,对如何对科技资源进行有效合理配置以及提高其配置效率至关重要。

其次,本书对科技资源相关概念进行了较为系统、全面的界定,探索科技资源的发展及其演变规律,揭示科技资源配置的微观机理,构建科技资源配置的理论研究框架,并运用多学科进行综合研究,拓展了相关学科的应用领域,完善了科技资源配置的现有理论。

(二)科技资源配置研究的现实意义

对于科技资源而言,不同的时代的主导资源并不相同,在农业经济时代起主导作用的是土地资源,在经济时代起主导作用的资源是资金和能源,但是目前的知识经济时代中,科技资源作为主导资源,已经成为知识经济时代的重要标志。科技在当今的作用已经不言而喻,这就要求对科技资源配置具有足够的认识,优化科技资源配置对于科技的发展具有重要的现实意义,主要体现在:

第一,知识经济时代需要优化科技资源配置。

知识的增长已经成为知识经济时代对于社会发展起到决定性作用的影响因素,可以认为在知识经济时代,科技是作为第一生产力而存在的。社会的发展取决于知识的生产,包括知识的数量和速度等。而科技活动的成果是知识,因此,知识的生产依赖于优化科技资源配置。这为优化科技资源配置提出了更高的要求。由此可见,知识经济时代的社会发展与进步依赖于最大限度的优化科技资源配置,加强科技资源的流动和利用率,保证知识生产始终处于最佳配置的状态,充分发挥知识在作为经济增长的决定性生产要素中的推动作用。就我国目前的状态而言,各种经济形式共存,包括了农业、工业和知识经济三种类型,依据知识经济的需求对科技资源进行有效的配置,能够不断促进知识的创新和传播,可以加速我国的转型,提高劳动生产率,实现国家的大力发展。

第二,国家科技创新体系高效运行的基础是优化科技资源配置。

国家科技创新体系是以政府为主导、充分发挥市场配置资源的基础性作用、各类科技创新主体紧密联系和有效互动的社会系统,目前,我国基本形成了政府、企业、科研院所及高校、技术创新支撑服务体系四角相倚的创新体系,我国科技体制改革紧紧围绕促进科技与经济结合,以加强科技创新、促进科技成果转化和产业化为目标,以调整结构、转换机制为重点,已经取得了重要突破和实质性进展。在国家科技创新体系的建设中,应当以建设企业为主体、市场为导向、产学研结合的技术创新体系为突破口,坚持"明确定位,优化结构,完善机制,提升能力"的原则,进一步深化科技体制改革,全面推进国家创新体系建设。重点实施"技术创新引导工程",采取若干重大措施,激励企业成为创新主体;切实加强区域和地方科技工作,有效整合中央、地方科技资源,形成中央、地方科技联动,各区域科技协调发展局面。在企业与高校层面,应当鼓励企业与科研院所、高等院校联合,加强工程实验室、工程中心、企业技术中心、产业技术联盟建设,加大现有研究开发基地与企业的结合,建立企业自主创新的基础支撑平台,并着重建立面向企业开放和共享的有效机制,整合科技资源为企业技术创新服务。完善符合市场经济特点的技术转移体系,将技术转移作为科技计划和公共科技资源配置的重要内容,促进企业与高等院校和科研院所之间的知识流动和技术转移。创造各类企业公平竞争的制度环境,打破行业和市场垄断,重视和发挥民营科技企业在自主创新、发展高新技术产业中的生力军作用。在区域发展方面,根据综合协调、分类指导、注重特色、发挥优势的原则,以促进中央与地方科技力量的有机结合,推动区域紧密合作与互动,促进区域内科技资源的合理配置和高效利用为重点,围绕区域和地方经济与社会发展需求,建设各具特色和优势的区域创新体系,全面提高区域科技能力。加强区域科技规划工作,发挥中央财政配置资源的引导作用,统筹区域科技资源,形成合理的区域科技发展布局。由此可见,国家科技创新体系中各个科技要素的发展决定了其对经济的促进作用,而科技要素的发展又在很大程度上取决于科技资源的配置,因此,优化科技资源配置应当作为促进国家科技创新体系各要素间形成一定的优化结构的重要推动因素,并且它能够促进国家科技创新体系的运行效率。只有实现了科技资源的优化配置才能够保证科技资源在国家科技创新体系内的高效扩散,才能有利于国家科技创新体系的形成。

三、研究报告主要内容

本书通过构建政府优化科技资源配置评价指标,利用多层次、多角度的综合评价方法来评价政府在科技资源配置的现状、实践效果及配置过程中存在的缺点和不足。对政府优化科技资源配置进行指标体系构建及其综合评价,能帮助政府部门更全面、更详细、更准确地了解现阶段我国政府在优化科技资源配置的情况,为下一阶段的优化科技资源资源配置提供更科学的决策依据,解决科技资源优化配置中的有关约束和制约,实现科技资源的最优化配置,形成合力创新,推动国家科技创新体系建设:

(1)政府优化科技资源配置理论分析。主要从理论的角度对政府优化科技资源配置中所涉及的科技资源理论、科技资源配置理论、现代经济理论视角下的科技资源配置以及科技资源效率评价理论等进行分析。

(2)构建政府优化科技资源配置系统。从系统构成、形成、结构、运行及环境几个部分构建政府科技资源配置系统,为下文的研究奠定基础。

(3)构建政府优化科技资源评价指标体系。从政府视角,设计"信息服务、评奖评优、税收优惠及补贴、产业政策导向、市场准入、相关投资、科技项目、人才培养、政策调控"等指标,选取评价方法及构建评价模型,初步提出一套较为完整、系统和具有操作性的评价指标体系和评价方法。

(4)政府优化科技资源配置的评价研究。主要是从评价与实证两方面展开深入研究,在理论方面,积极采用组合评价方法来正确判断闲散在政府各部门的科技资源及其困境;在实践方面,从国家、地区和省域三个层面对优化科技资源所设计的指标体系进行测度与分析,并采用基于面板数据的随机效应模型对影响科技资源配置效率变化的因素进行了系统研究。旨在通过定量地衡量科技资源的优化配置的效果,为客观地比较和评价政府配置方式及其效果奠定基础,最后以绍兴为例对政府优化科技资源配置系统进行案例研究。

(5) 提升科技资源优化配置的对策研究。在已有研究的基础上,借鉴发达国家的先进经验,从政府视角提出我国科技资源配置的具体对策。

第二章 政府优化科技资源配置的理论分析

一、科技资源理论

科技资源是指科技创新主体为实现经济和社会效益而用于科技创新活动的各种资源的总和,包括科技人力资源、科技财力资源、科技物力资源、科技信息资源、科技组织资源等。

巧妇难为无米之炊。科技资源贫乏将导致科技创新活动无法开展。但是,市场存在的科技资源与创新主体可利用的科技资源是完全不同的两个集合,后者是前者的一个很小的子集,两个集合之间的空间面积越小,说明科技资源的利用率越高,闲置的科技资源越少。各创新主体在利用科技资源,促进创新活动时首先应掌握科技资源的特征,产权归属不同的科技资源在一定体制下具有不同的效率。

(一) 科技资源含义

不同的学者依据不同的研究目的对科技资源的含义界定存在一定的差异。周寄中(1999)是国内较早对科技资源的概念进行界定的学者,他认为科技资源作为科技活动的物质基础能够创造科技成果,是推动整个社会和经济发展的所有的各种要素的集合,在内容上可以将科技资源划分为科技财力、人力、物力和信息资源这四个方面,这四个方面的要素是科技活动过程中的最基本的要素。由此可见,科技活动的进行受到了来自科技组织等方面的约束,科技组织对科技活动具有指导、约束和促进等方面的作用。基于此,卢迪龙将科技组织资源纳入了科技资源的范畴,因此,科技资源包括了科技人力、财力、物力、信息和组织这样五种资源,此外,对于各种科技资源的成果也应当被包含在科技资源的内涵中,包括了专利和论文等方面。钟荣丙(2006)的研究表明,可以从两个方面界定科技资源,即制度和市场,但是同时也需要考虑制度政策和人文环境两大因素。钟荣丙还认为可以从广义和狭义两个角度对科技资源进行定义,广义上科技资源主要指的是与科技活动相关的所有自然和社会资源,而狭义上的科技资源指的是对科技进步和发展具有影响的社会和自然资源,在其定义中指出了五种资源,主要包括:人力、实物、资金、信息和制度政策资源。朱付元的研究认为,科技资源可以看作是科技人力、财力、物力、信息和组织资源的综合,是一个由各种要素相互作用而形成的复杂系统,该系统主要包括了各种科技资源要素以及次一级要素。师萍和李垣的研究认为,以往主要是从内容上对科技资源的组成进行划分,并没有充分考虑到制度和市场这两个方面,如果考虑制度和市场,同时在新制度经济理论的基础上对科技资源进行划分的话,可以将科技资源分成:科学技术、专业技能、技术市场和制度界面,这四个方面的关系可以看作:科技资源的坚实核心是科学技术,专业技能是将科学技术转化为现实生产力的主要工具,市场和制度位于科学技术和专业技能之间,为科学技术引线搭桥。科学技术、专业技能、技术市场和制度界面这四个方面相辅相成。雷睿勇和罗敏的研究认为,科技资源不仅包括了人力、财力、物力、信息和组织,而且还包括了科技资源的管理、环境和科技资源产出这三个方面。除了以上学者们的研究外,还有部分学者认为从社会再生产的角度来看,科技资源的继承性决定了科学资源不仅包括了财力资源、人力资源、物力资源和信息资源等这些科学研究和技术创新中的投入资源,而且还包括了它们的科技成果产出。

由以上研究可以看出,科技资源是科技人力、财力、物力、信息和组织资源的综合,由各个要素以及次一级要素相互作用构成的系统,作为科技活动的物质基础对科技成果的产生、社会和经济发展具有重要作用。

（二）科技资源分类

依据不同的标准可以对科技资源进行不同的分类，如果从所包含的内容来划分，可以将科技资源划分为人力、物力、财力、信息和组织资源，而从所有权的角度去划分的话，可以将其分为公共和私人科技资源。本研究主题在于通过对现有的政府科技资源管理进行研究，从而发现现有管理体制的问题，为提高政府科技资源配置效率提供政策建议。结合本研究主题，科技资源可以划分为以下几种：

第一，科技人力资源。主要是指在组织中对系统性科学和技术知识产生、传播以及应用等实施的人力资源。它不仅包括了实际进行科技活动的人力，而且还包括了可能进行科技活动的人力。科技人力资源作为重要的战略资源已经受到了各个国家的重视，特别是在目前的知识经济时代，科技发展较快，科技人力资源已经成为了社会发展的重要动力，往往可以采用科技资源力来对国家的综合国力进行评价。按照科技人力资源的构成，可以将其划分为：(1)专门人才。国家教委将专门人才定义为中专以上学历者，其中不包括高中学历者；技术员以上职称者，其中包括了各种专业技术人员，还包括了各种经营管理方面的人员。(2)专业技术人员。专业技术人员指的是具有中专以上或者初级以上职称的人员，按照职称可以划分为：工程技术人员、农业技术人员、卫生技术人员、科学研究人员和教学人员五类。(3)科技活动人员。科技活动人员主要指的是在组织中进行各种科技活动的人员，主要包括了课题活动人员、科技管理人员和各种服务人员，例如：科学家和工程师、后勤人员等；科技活动包括了研发、科技培训和服务。部分研究结论表明科技资源配置效率与科技活动人员数量之间存在负相关关系。(4)R&D人员。主要指的是研发活动的人员,作为科技活动人员的主体是衡量科技资源的重要指标,为了进行国家或者地区的比较,在统计中一般将 R&D 人员折算成 R&D 全时人员。(5)科学家和工程师。在国际上较多采用科学家和工程师来反映某个国家或者地区的科技人力资源的质量。科技人力资源作为一种特殊的、动态的资源,为科技发展和社会经济发展提供了各种创造性的劳动,并且作出了较大的贡献,不仅具有一般的人力资源的特征,而且具备了时代性、层次性和强流动性等特征,它与其他的类似的概念之间的区别主要体现在:第一,科技人力资源与专业技术人员之间的区别主要体现在,科技人力资源主要是按照受教育程度和参与科技活动来进行分类的,包括了具有高等教育文化程度或者职称的专业技术人员、企业家、政府管院、退休和失业人员等,专业技术人员主要指的是具有中专以上文化程度的在岗就业的专业劳动者,按照国际职业的标准来划分的话,它并不包括工人、没有职称的企业家和工作人员等。第二,科技人力资源的定义包括了科技活动人员、研发人员。科技人力资源主要是包括了现在从事或者潜在从事科技活动的人员,由此可见,理论上,可以通过科技人力资源的数量减去潜在的可从事科技活动的人员,其差值应当是实际的科技活动人员。但是,实际上通过这种计算,其结果是存在一定的问题的,原因在于科技人力资源的界定标准包括了两个方面:学历和职业资格。在学历上要求是大专及其以上文化程度,而职业资格要求则需要从事科技职业人员有大专及其以上的文化程度,这两个方面需要满足一个。但是,科技人力资源中的科技职业的定义不同于一般从事科技活动的人员的界定,它不包括一些职员和技术工人,因为科技人力资源对学历有一定的要求。从我国最近几年对科技活动人员的统计数据来看,科技活动人员中不满足科技人力资源条件的大概每年都有 50 万人左右,占我国科技人力资源总量的 1% 左右,由此可见,非科技人力资源的数量较少,可以忽略不计。采用近似的科

第二章 政府优化科技资源配置的理论分析

技活动人员数来代替科技人力资源具有一定的可行性,也能够为现有的统计研究分析提供各种便利。

第二,科技财力资源。科技财力资源主要指的是研发经费及其占国内生产总值的比重。作为对国家或者地区创新能力和竞争力评价的主要指标,科技财力资源不仅对科学技术发展具有重要作用,而且对于社会和经济发展具有重要的影响。因此,科技财力资源已经受到了学者和社会各界的关注,对于我国政府而言,科技财力资源主要包括:(1)财政科技拨款。主要指由上级主管部门核定的,并且通过各级财政采用预算的形式下拨的专项费用,主要包括了科技三项费用、自然科学基金和其他等。(2)自筹经费。主要指的是各个科技活动主体面向社会所取得的主要用于科研的费用,这部分经费的取得主要是其利用自身的各种技术和能力所取得的,一般包括了技术和非技术收入两大类,其中前者主要是指科技活动主体所获得的与技术有关的收入,而后者主要指的是科技活动主体所获得的与技术无关的收入。自筹经费在性质上与政府关系不大,因此,对于科技活动主体而言可以在国家许可的范围内自由支配,这种方式与市场调节方式更为相似,受到预算等计划方面的影响较小。(3)科技贷款。科技贷款也不属于政府资金,是金融与科技相结合的主要形式,主要是由各种金融机构提供的被用于科技创新的资金,属于市场调节性的资金。对于我国而言,各种科技方面的贷款受到国家政策的影响,因此,实际上市场调节作用较小。科技贷款方主要包括了国内银行、世界性银行和其他金融机构,这些金融机构对于科技贷款的方向都具有较强的规定性。我国科技进步统计体系中,科技财力资源主要包括:第一是研发经费支出占国内生产总值比重。一般而言,国际上比较通用的对国家或者地区的科技投入水平进行评价的指标是研发经费投入占国内生产总值比重。作为一个核心指标,各国的宏观统计者都会将其作为对科技实力或者竞争力进行评价的首选,并将其看作是最能够直接反映经济增长水平的指标。该指标也已经成为对宏观经济活动进行分析的主要指标,反映了科技经费投入与经济发展之间的关系是否协调,并反映出未来经济发展的方向和可持续发展的潜力。第二是地方财政科技拨款占地方财政支出的比例。这作为衡量地方政府科技投入的重要指标,不仅反映了地方政府在科技方面的投入强度,而且反映了地方政府对科技的重视程度。我国依据现有的趋势以及各级政府之间的比例关系将目前标准确定为5%左右。对于科技活动而言,科技财力资源中的政府投入至关重要,这不仅需要形成稳定的增长机制,包括加大投入力度,调整优化结构,而且需要发挥国家财政的资源配置能力,引导社会资金进入科技投入体系,努力构建多渠道和高效的科技投入体系,从而提高科技资源的利用效率,提高科技创新主体的自主创新能力。第三,企业研发经费支出占产品销售收入的比例。该指标是用来反映企业的创新能力以及企业对技术进步的追求程度,不仅反映了企业研发经费的投入,以及科技活动的程度和规模,而且对于分析企业技术创新活动情况,了解企业的市场竞争力方面等具有较大的帮助作用,现有的国家通行标准认为,企业的研发经费支出至少应当达到2%的水平,只有达到6%以上才能保证企业在市场上具有核心竞争力,最终能够长久地生存。对于国际上的大企业而言,它们的研发经费占产品销售收入的平均比例一般最低为5%,最高为10%,对于部分高科技行业,该项指标能够达到30%左右。由此可见,如果按照我国现有的标准6%来分析,国内的大部分企业是无法生存的。企业技术创新活动需要大量的研发投入,如果企业目前的研发投入不足,必然会影响其未来的发展,不利于其持续的核心竞争力的获取。第四,企业消化吸收经费与技术引进经费比例。国家对技术创新的界定中包括了引进吸收再创新这一项,在这个方面日本和韩国做得最为成功。一般而言,通过对现有发达国家的这一指标的测算,同时依据以往的经验可以认为

第二章 政府优化科技资源配置的理论分析

该项指标值需要在3以上才能够保证企业能够具有自主创新的能力。如果这两项科技投入处理存在一定的问题,其结果会导致技术引进与消化吸收脱节的问题,不利于企业自主创新能力的提高,反而会造成企业对外依赖性的加强。科技人力和财力资源是科技资源中重要的两种资源,对科技资源起着决定性的作用,是科技生产得以顺利进行的基础。

第三,科技物力资源。资金与资本之间存在着较大的区别,资金是指的流动资产,包括现金、短期债券等,其目的是为了支付,或是一种价值的储存和中介方式,而资本则不同了,资本是专用来投资的资金,其目的是为了完成资本——→生产——→(资本+剩余价值)的过程(即西方经济学中的投资过程),从而获得利润或者叫剩余价值。由于现有研究多对资金和资本之间的区别进行了分析,因此在大部分研究中多对财力和物力进行区别研究,财力主要指资金,而物力主要指的是各种机器设备、仪器、基地和实验室等,对于国家而言,还包括各个研究机构、大学、科技服务机构以及工程研究中心等。从全球范围来看,诸多国家在技术基础设施上的投资规模越来越大,不仅仅源于经济增长对其的需求,而且还因为科技物力资源能够带动私人投资,具有政策性的引导作用,从而带动国内需求的增加,提高国内经济的发展水平。

第四,科技信息资源。主要指的是各种科学研究和技术创新成果,但是这些成果主要是以知识信息的形式表现,专利、期刊、论文等是科技信息资源的主要载体,而且其载体也在不断的多元化。实际上,可以将科技信息资源看作是信息的一部分,是一种能够满足一部分人类需求的信息;作为一种可以被利用的信息,它是在当前的社会发展水平下,能够被人类所开发的信息;通过各种科技活动,人类可以对其进行获取,因此,科技活动是科技信息形成的重要过程。由此可见,科技信息资源可以看作是以知识信息形态表现出来的各种成果,这些成果是经过人类的各种科技活动开发与组织的科学研究和技术创新成果。我们把这些成果划分为两大类。(1)科技成果。主要指的是科技人员在某一研究课题基础上,通过思考、观察、设计等科技活动后取得的具有一定科学和利用价值的创新成果,其主要形式包括了论文、项目报告、发明和专利等,这些科技成果是可以被直接统计的,这对于计算相关的科技资源的投入量是非常有利的。(2)科技信息、科技情报、竞争情报。首先关于科技信息的含义可以包括两种,广义的科技信息指的是各种与科技活动相关的信息,可以从各个程度和侧面来反应科技活动的进展,而狭义的科技信息主要是科技活动过程中直接反映的信息。科技情报主要指的是针对以往的信息进行总结,并且明确未来发展方向的研究报告,这些主要由各种科技情报机构做出,与科技信息相比较而言,科技情报的特点是具有传递性和目的性等。对科技情报的处理过程主要是处理信息的杂乱无章以及无序,经过处理后可以作为宏观决策的依据。竞争情报主要指的是各种定制报告、口头报告等,与科技情报相比较而言,竞争情报具有更强的针对性,不受专业的限制,对于企业、高校等微观主体具有较强的指导性作用。

第五,科技组织资源。主要是指各种科研机构、高校和私营研究机构等,科研机构包括了政府、企业和其他科研机构。

(三)科技资源属性

科技资源从不同的角度可以分为不同的类型,从初始产权(所有权)归属角度分为公共科技资源和私人科技资源;从所包含的内容分为科技人力资源、科技财力资源、科技物力资源和科技信息资源等。科技资源作为科学研究与技术创新不可缺少的条件,其属性是在一定社会经济环境条件下形成的,既具有客观性,也具有一定的主观性,在某种程度上随着人的意识和认识程度发生变化。综观科技资

源的本身,它有多种属性,但其主要属性可以概括为以下五个方面:

其一,分布上的差异性。分布的差异性可分为科技资源空间和时间上分布的差异性。其中,科技资源空间上分布的差异性主要表现为区域科技资源分布的差异性。人类一切科学研究和技术创新都离不开一定的空间范围——区域,任何国家或地区的科技活动都是在一定的区域内实现的,不同的区域环境,将塑造出性质各异、层次不同、各具特色的区域经济发展模式和科技发展政策,从而导致了区域科技资源分布的差异性。这种区域科技资源分布的差异性正是区域间科技资源流动的重要原因之一。例如,发达国家与发展中国家之间,以及相同水平的不同国家之间,由于区域科技资源分布的差异性导致了国际经济合作中的技术贸易;我国东、中、西部区域科技资源分布的差异性导致了我国区域科技政策是区域协调发展政策的重要组成部分。科技资源时间上分布的差异性主要表现为区域科技资源时间分布的非均衡性。科技资源在其形成过程中的数量、质量、存在状态、利用的经济效益都随时间发生变化而表现出非均衡性。而且,科学研究和技术创新具有较强的不确定性,人类历史演进过程中存在着科学革命、技术革命和产业革命,从而导致了一个国家或一个地区科技资源的规模、结构和效能存在"革命性"变迁而表现出非均衡性。近现代世界科技中心的漂移,中国古代科技发达、近代科技落后以及现代科技追赶的历史过程就是中肯的佐证。

其二,系统中的协同性。科技资源与自然资源、其他社会经济资源在一定的时空条件下相互作用,形成了独特的相互联系、相互耦合的自然生态系统和社会经济系统,系统中的每一类资源都是这个大系统中的一个环节,每一个环节的缺损或破坏,都有可能导致整个大系统平衡的扰动甚至崩溃。在"科学技术是第一生产力"和"科技资源是第一资源"的当代,科技资源与自然资源、其他社会经济资源的协同性尤为突出。建立在农业科技之上的强大垦殖力和工程技术之上的勘采力导致的森林和草地的锐减、水资源短缺和湿地生态系统破坏,已严重影响了农业、工业和人居环境,原子物理、分子化学、现代生物学、信息科学等是现代科学技术促进经济社会快速发展的重要学科,然而建立其上的现代核武器、生化武器已严重威胁人类的和平与生存。所以,科学的人文向度和技术的价值取向成为当代经济、社会、生态可持续发展的重要问题。科技资源只有与自然资源、其他社会经济资源在自然生态系统和社会经济系统组成的大系统中有效协同,充分体现科技资源的系统协同性,才能正确发挥其产出效能。另外,科技资源内部的各项资源只有在科技资源配置系统中有效协同才能充分发挥各自的产出效能。

其三,运动中的规律性。科技资源并不是静止不动的,它遵循一定规律处于不断运动之中,参与经济、社会、生态复合大系统的变化。例如,科技人力资源增值运动中遵循人力资本投资规律,其收益分配遵循科技人力资源资本化规律,科技人力资源系统中科学共同体和技术共同体的运动规律;科技财力资源运动中遵循公共投资社会效益最大化和私人投资利润最大化规律;科技物力资源遵循资产折旧规律;科技知识、信息资源运动中遵循规模报酬递增规律,以及网络信息系统规律,等等。另外,科技资源也存在自身的变化循环规律。总之,科技资源永远处于动态的变化之中,并表现出一定的规律性。

其四,运营中的高增值性。科技资源与其他形式的资源相比具有较强的社会性,与其他资源的使用不同,科技资源投入科学研究和技术创新的产出——科技成果或科技产品往往更多地融入了人类的智力因素,其投入往往能够产生大大超过其自身价值的价值。科技资源由于科技活动而高度增值是科技资源运营中的一个重要特征。

其五,使用和影响的长效性。科技资源是科技活动的主要条件,是科学研究和技术创新的生产要素集合。由于科学技术的继承与积累性,所以无论是知识形态还是物质形态的科技成果必然成为科技资源不可或缺的组成部分。所以知识形态的科技资源尤其具有长效性,主要表现在三个方面:(1)其他一些资源常常表现为使用的一次性,而科技资源可以反复长期使用,并且由于其社会性的特点,不像自然资源存在枯竭的问题,在某种意义上可以说是"取之不尽的";(2)由于科学研究和技术创新遵循自身的规律,常常需要一个催生、演化的过程,而且从科技到生产,再到最终取得经济效益和社会效益需要一个相对较长的过程,因此表现为长效性;(3)科技资源投入——产出的作用具有长效性,例如一些科研成果(特别是基础研究)对人类的影响深远而持久。

二、科技资源配置理论

资源的稀缺性导致在科技资源系统不断变化发展的情况下,科技资源的高效产出成为决定科技经济发展的重要因素,而科技资源配置系统决定了科技资源的产出效率,从而受到重视。

(一)科技资源配置的概念

科技资源配置主要指的是各种科技资源,包括科技人力、财力、物力等在各个科技活动主体和时间空间等方面的分配和组合,其目的在于使得科技资源的产出效率能够得到最大化。

可以从两个角度去分析科技资源配置:从微观角度去考虑的话,科技资源配置主要是某一具体的科技活动主体对其内部的各种科技资源进行配置,从而提高科技产出成果,提高科技活动主体的创新效率;从宏观角度去分析的话,科技资源配置主要是指不同的科技活动主体对所有的社会科技资源进行合理的分配,以使之能够在各个学科领域和地区部门中进行流动,促进经济、社会和科技的充分协调发展。宏观角度的科技资源配置主要目的是为了使得科技资源能够在全社会范围内进行配置,这是一种高层次的科技资源配置。

各国对于科技资源的重视使得科技资源配置的重要程度不断增加,各国已经将科技资源配置作为竞争高端科技的主要手段。由于科技技术标准不断向国际标准化方向发展,各种科技政策也进入了调整阶段,带动了科技资源配置出现了各种特点,主要包括了各个国家和地区的合作已经从数量和质量发展到了新的阶段,全球范围内的科技合作和分工体系正在逐步形成,跨国公司所构建的全球信息网络也已经形成,企业与企业之间的合作信息交流越来越强。

(二)科技资源配置的内容

科技资源配置主要包括了配置规模、结构、方式和强度。其中,科技资源配置规模主要是指科技资源配置的总量,包括了科技人员、财力、物力等方面,主要是从科技资源总量上对科技资源的投入进行分析;配置结构主要是指不同科技活动主体对科技资源的投入的占有比重,主要包括内外部结构;配置方式主要是指计划、市场还是混合配置方式;配置强度主要是指科技资源配置量占所有总量的比重,表明了科技活动主体对科技活动的支持力度和强度。

(三)科技资源配置主体

科技资源配置主体主要解决的是科技资源由谁来配置的问题。对于我国而言,由于各种科技中介组织发展并不完善,因此,在科技资源的配置方面仍然是以企业、政府和各种科研机构为主。在不同的区域,由于所拥有的特征不同导致配置主体所发挥的作用也是不同的。

从横向来划分科技资源配置的主体,包括了政府、高校、科技中介机构等,这些主体相互联系,并且具有各自的功能,相互之间的关系也是一种横向的、没有层级的关系,所承担的角色和功能相互之间没有重叠。政府相关职能部门是科技管理的主体,作为系统的创造者和维护者,是科技资源配置的宏观层次;高校和企业等是科技活动的主体,它们构成了科技资源配置的基础层次,其功能和作用主要是执行各项科技活动并作为运行层次而存在;科技中介服务机构作为连接政府和市场之间的关系的中间组织,为科技活动提供了社会化的服务和管理,包括了信息和技术交流、孵化器和鉴定等方面的工作。由此可见,科技管理的主体、科技活动主体以及科技中介机构这三个承担不同角色的主体,在科技资源配置中都占据了较为重要的地位,缺一不可,它们共同构成了科技资源配置系统,实施了科技资源的运行,在整个社会和经济运行过程中不断融合,相互促进。

从纵向来划分科技资源配置的主体,包括了宏观调控主体和微观执行主体,其中,前者包括了各级职能政府部门和中介机构,这些主体对科技资源配置按照市场运行机制进行调控、评估等,最大化科技资源的配置效率,而后者包括了高校、研究机构和企业等,作为执行科技活动的主体,是科技资源配置的基础层次,对科技资源配置的具体运行具有重要的作用。由此可见,宏观层次的主体和微观层次的主体相互作用、相互配合,共同构成了科技资源配置系统,同时,也相互融会,实施各项运行机制,在社会经济发展过程中为科技资源配置系统的目标的实现提供了各种保证。

由以上分析可知,无论是从哪个角度去进行划分,科技资源配置的主体都包括了企业、高校、政府、科研机构和科技中介机构。从这些组织的具体功能和角色来分析,企业的科技资源配置活动构成了企业科技创新活动的主体部分,不仅受到企业自身的各种条件的限制,而且受到了企业外部环境的影响,包括了经济、政治、法律、政策等方面的影响,因此,它是企业内外部环境共同作用的一系列有目的的活动。高校的科技资源配置活动主要包括了基础、应用和理论研究等方面,主要依赖于其所拥有的人才、设备等方面的优势来进行科技的扩散,从而促进经济的发展,其科研经费主要来自于政府和市场,前者主要包括了各种课题方面的政府拨款,后者主要包括了技术转让、科技咨询等服务方面的收入,在产学研方面,高校通过与企业的共同合作,包括研究中心和博士后流动站等的建立,来共同进行课题研究,将其研究成果转化为实际生产力,从而提高人民的生活水平。科研机构主要是依赖政府财政拨款来进行各种具有公益性的基础性的研究工作,为政府出谋划策,它们是在我国由计划经济向市场经济转变过程中逐渐形成的,其存在的目的是为了满足国家或者地区的产业的发展和科技方面的需求。新中国成立以来,我国的科研机构为我国经济和社会发展起到了巨大的作用。政府部分主要指的是与科技相关的政府职能部门,它们具有对区域内的科技资源进行优化配置的功能,对于市场中的各种科技资源能够进行宏观调控,满足科技创新的需求,对科技成果的优化转化和流通具有重要的作用。科技中介机构是科技服务体系的主要力量,是国家创新体系的重要组成部分,面向社会开展技术扩散、成果转化、科技评估、创新资源配置、创新决策和管理咨询等服务活动,在有效降低创新创业风险、加速科技成果产业化进程中,发挥着不可替代的关键作用。

科技资源是这些科技资源配置主体相互联系和协调的纽带。政府相关职能部门对于科技资源按照一般的市场运行规律进行宏观调控,并且考虑科技活动自身的发展规律对科技资源进行分配和管理;高校对科技资源中的人力资源进行培养,对科技知识进行创新并对创新知识具有传播的责任;企业作为科技创新活动的实施主体,它是科技与经济的结合,对现有的创新知识进行应用的主体,应当作为科技资源配置系统中的科技资源投入主力;中介机构作为科技活动中连接各个主体的机构,对整个系统的顺利运行具有重要的作用;科研机构服务的主体是政府和社会,相对而言,将社会经济现象发展的规律作为研究对象,为政府进行科技资源配置的宏观调控提供政策性的建议,对科技活动的顺利开展具有重要的影响。

具体而言,科技资源的配置主体有多个,对于我国而言,由于科技中介机构目前的发展还不完善,企业正在向自主创新方面发展,区域中的政府和高校在科技资源配置方面的作用还未能够与现有的市场发展紧密结合,因此,对这些配置主体进行研究具有重要的意义。

三、现代经济理论视角下的科技资源配置分析

科技资源的配置与其他资源的配置应该运用不同的分析工具。一方面,因为初级阶段,绝大部分科技资源归政府支配,另一方面,科技资源配置具有较强的外部性。因此,现阶段科技资源的配置不仅仅是经济行为,而且具有战略意义。提高科技资源配置效率也不可能完全靠市场的力量,政府与市场的有效合作是提高科技资源配置效率的基本思路。基于此,下面从三个理论视角进行分析。

(一)公共产品理论视角的分析

1. 科技资源的产品特性分析

经济学把产品分为公共产品和私人产品。公共产品中的纯公共产品由政府提供,私人产品由市场提供。纯公共产品是指同时具有非竞争性和非排他性的物品。非竞争性是指某个人对公共产品的消费不排斥和不妨碍其他人同时享用,也不会因此减少他人消费该种公共产品的数量和质量。非排他性是指在技术上无法将那些不愿为消费行为付费的人排除在某种公共产品的受益范围之外。私人产品则兼具竞争性和排他性特征。

现实中,同时具备非竞争性和非排他性的纯公共产品不多见,更为普遍的是介于私人产品与公共产品之间的混合性产品。即具有非竞争性但又有排他性的公共产品以及具有竞争性但又具有非排他性

的公共资源。某种产品属于纯公共产品、准公共产品还是私人产品并不是一成不变的,在不同的经济区域、不同的经济背景、不同的技术条件下,甚至不同的人文环境下,社会产品的公共性会发生变化。就科技资源来说,这里存在五个判断。

第一,科技组织资源、科技信息资源既具有非竞争性,也具有非排他性,属于纯公共产品。

第二,政府科技财力资源,在一定时期和一定区域内具有一定的竞争性。一定时期,政府用于科技活动的财力资源是有限的,由政府预算决定的,具有一定的硬约束性,一些主体使用多了,其他主体使用就少了。

第三,民间科技财力资源可以跨区域利用,而且数量庞大,从理论上讲潜在供给具有无限性,具有竞争性,属于私人产品。通过公共政策可以转化为现实科技财力资源,以弥补政府财力资源不足。

第四,由于人力资本产权的个人所有性质,科技人力资源属于私人产品。但是,如果公共制度导致人力资本产权残缺,比如具有名义上的所有权,而没有具有现实意义的交易权或收益权难以保障,其资产价值便荡然无存,其作为科技资源的作用就难以发挥和被利用。因此,要使人力资本作为科技资源充分发挥作用,就要设置科学的激励机制和对其创造的价值的产权给予有效保护。

第五,科技资本资源具有准公共产品属性。比如科技孵化器硬件设施、公共实验室等,具有非排他性和非竞争性。

综上所述,科技资源既有纯公共产品,又有私人产品,还有准公共产品。这一方面说明科技创新具有复杂性和社会多部门参与的要求,另一方面,这也为各种科技资源的整合和优化配置提供了启示。

2. 科技资源供给模式分析

第一,纯公共科技资源由政府提供,纯私人科技资源由微观经济主体提供。

第二，政府提供纯公共科技资源并不意味着政府直接生产,为提高纯公共科技资源供给效率,政府可以采取委托或招标等办法由私人提供,只要政府按质论价埋单即可。

第三,私人提供私人科技资源也并不意味着政府无所作为,政府通过增加公共教育投入,使人力资本增加,从而影响私人科技资源的潜在供给,同时,政府还要通过产权保护,制定和维护市场交易的规则,使科技资源转换为现实生产力。政府还可以出台优惠政策引导私人科技资源流动,解决本地科技资源短缺,或通过机制设计使异地科技资源为本地使用。

第四,准公共科技资源由政府与市场合作提供。准公共产品既有公共产品特征又有私人产品特征,其两重性决定了它既不能完全通过市场机制由私人部门供给,又不能完全通过预算拨款由公共部门提供。因为公共提供可能导致过度使用,产生拥挤现象;而私人供给又容易产生收费项目过多等问题。理想的方式是由公共部门和私人部门合作提供。具体来说,主要有以下三种方式:(1)授权经营。政府通过公开招标形式选择私人企业,通过签订合同方式委托中标的私人企业经营。(2)政府参股。对于那些初始投资量较大的基础设施项目,比如创业服务中心等,由政府通过控股和私人股参与建设。(3)政府补助。由私人企业提供,政府给予一定数量的补助。

3. 科技资源利用与配置的原则

根据科技资源的复杂特性,配置与利用应兼顾三个原则。

第一,机会成本最小化原则。机会成本是指,一种资源有多种用途,用于某种用途而放弃的其他用途能带来的最大收益。按机会成本最小化原则,科技资源应配置在能带来最大收益的领域,否则就是非经济非理性的配置,尤其是科技资源的稀缺性很强,错配的效率损失较大。现实中科技人才配置不当现象屡见不鲜,一些科技人才放在管理岗位、行政岗位,看似重视,提高了其地位,实则是人才的浪费,是违背机会成本最小化原则的。

第二,在生产可能性边界上配置的原则。生产可能性边界是指在一定的技术水平下把既定资源用于生产两种产品的最大产量组合点的去向(如图2-1所示)。

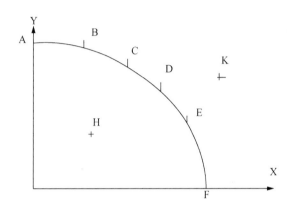

图2-1　生产可能性边界

AF为生产可能性边界,处在生产可能性边界的任何一个组合都是现有资源支撑的产量组合,图中A、B、C、D、E都是既定资源可以支撑的产量组合,而且都达到了既定资源的充分利用。处在生产可能性边界内的任何一点都表示出现了资源闲置。比如图中的H点,虽然是既定资源能够生产这一组合产量,但未达到资源的最充分利用。社会有多种资源的闲置,最可能的原因是经济体制缺乏效率,使资源难以被利用或利用的成本太高。

生产可能性线之外的任何一点的产量组合都是既定资源无法支撑的,如K点,它位于生产可能性线之外,虽然产出水平很高,但现有资源无法支撑,如果要达到这一产量就要引进外部资源。

4. 帕累托原则

帕累托原则是指资源配置达到了这样一种状态:任何人都不能在不使另外一个人境况变坏的情况下,使自己的境况变得更好。如果实现了帕累托最优状态,那么,经济是高效率的;反之,经济是低效率的。

由以上理论可以得出如下结论：

第一，要按机会成本最小化原则配置科技资源，就要对科技资源的各种用途和使用方法的效益进行评估或使资源的配置收益和风险统一于同一主体，由经济主体自行选择，理性经济人的本性使经济主体会自觉筛选机会成本最小化的方案的。显然，后者的社会成本低于前者是优化科技资源配置创新的方向。

第二，在既定的科技资源存量下，要实现最大的产出，就要进行体制改革和创新，促进资源的充分有效利用。

第三，要实现最大产出的增加，即一个经济社会要保持经济的长期增长，就要不断把生产可能性曲线向外推，即要不断增加科技资源供给，不断进行体制机制的创新。

第四，科技资源的配置要力争不损害任何一个微观经济主体的利益和不减少任一微观主体科技资源的前提下，增加一部分企业或全部企业的科技资源。

第五，在科技资源的边际产出一定，社会科技资源总量一定的情况下，短期内提高科技资源产出效率的唯一途径就是通过制度创新、整合科技资源和优化配置实现产出最大。

（二）经济网络结构理论视角的分析

1. 经济网络结构理论的基本内容

经济网络结构理论认为，社会系统以网络的形式存在。任何一个经济体都拥有一定的网络资源，同时也是某一网络系统的一个结点和组成分子。网络是个体可以利用的社会资本，网络能够提供个体获取资源的优先渠道，同时网络也限制了个体的自由，阻止其获取统一资源的渠道。个体应对网络限制的出路通过"桥"来实现。桥是可以在不同的网络之间穿越和建立连接的个人或组织。桥之所以能够在两个网络之间穿越,是因为两个网络之间存在着空缺——结构洞,两个网络之间通过桥实现了信息交流。

同一网络内部之间联系紧密、频繁、牢固,属于强连接关系,不同网络个体之间联系较少,不稳定,属于弱连接关系,桥充当弱连接的角色。实证研究表明,与个体发展最密切的社会关系并不是强连接,而常常是弱连接。强连接产生的信息常常是重复的,容易形成自我封闭的系统,网络内的成员由于具有相似的态度,高度的互动频繁率通常会强化原本认知的观点而降低了与其他观点的融合,故组织中的强连接网络不是一个可以提供创新机会的管道。相对于强连接关系,弱连接则能够在不同的网络中传递非重复信息,使得网络中的成员能够增加修正原先观点的机会,认识能力不断提高。

弱连接理论说明,个体要想创新和发展,必须打破单一群体封闭网络界限,不断与更多的外部网络发生信息交流,或者通过社会活动不断加入新的网络。

2. 经济网络结构理论对提高科技创新能力的启示

第一,企业的创新活动,要更加注重对弱连接关系的异质科技资源的利用。

第二,现阶段,政府最适合充当"桥"的角色,因为政府穿越结构洞的成本最低,网络壁垒对政府无效。

第三,不同网络之间的联通,在微观上增加了企业创新的要素获得,宏观上实现了合力创新。

第四,合力创新的成效,取决于"桥"连接网络数量的多少,提供信息资源的有效性、及时性以及企业自身对各种信息的反应和利用。

(三) 区域竞争的"钻石模型"理论视角的分析

著名管理学大师迈克尔·波特提出的国家或区域竞争的"钻石模型"理论是各国各地区提升产业竞争的主要理论依据。其理论的核心是一个地区的竞争力取决于四大要素状况,四大要素的紧密联系形成坚不可摧的钻石,一个地区产业的发展最有可能在钻石条件最为有利的行业取得成功。

1. 钻石模型的主要内容

构成钻石模型的四个条件:要素、区域需求、相关产业和支持产业、企业战略。要素可以分为初级要素和高级要素,一般要素和专门要素。初级要素,比如自然资源、简单劳动等,高级要素比如人力资本、技术水平、基础设施等。一般要素有公路系统、受过学历教育的劳动力等适用范围较广的要素。专门要素指专业领域的专门人才,比如特殊的基础设施、特定领域的专门知识和人才等,波特认为靠初级要素获得的竞争优势难以持久,高级要素是核心竞争力,一般要素容易被取代和失去作用,专门要素能提供持久竞争力。区域需求结构与全球的吻合度越高,越有竞争优势,区域买主越挑剔,越容易形成竞争力,买方需求的前瞻性越高,越能提升竞争力。相关产业是为主导产业提供投入品的产业,如为制造业提供研发、新机器设备等。相关产业的强弱对主导产业竞争力的提升具有决定性作用。企业的组织和战略管理与其他产业发展的特征相适应时,产业容易获得成功,比如,个性化、少批量的服装设计和生产与服装业的发展特征和趋势相适应。除以上四个主要因素外,政府和机遇也是构成钻石模型的两个辅助因素。

2. "钻石模型"对科技资源优化配置及合力创新的启示

第一,在工业化中后期,国内、区域内消费者对品牌商品、高档商品的收入弹性不断地快速提高,对商品越来越挑剔,要求越来越高,越来越具有前瞻性。区域竞争力来自需求的低级化约束越来越弱,而高级要素短缺、支持产业乏力、企业战略雷同、与行业未来发展的特征不一致等成为主要因素。而这些因素的背后都是缺乏技术支撑。科技要素是高级要素,是提升区域竞争力的核心要素,专门要素比一般要素更具持久竞争力,它有独特的个性化的技术要素。支持产业要能支持主导产业的发展关键是其研发和技术创新能力。企业的发展战略与行业未来发展特征相吻合依赖于技术的不断变化和提升。因此,提升区域竞争力的各种因素在经济发展的较高阶段都与科技要素和技术创新能力相关。

第二,提升区域竞争力,构建创新型城市,首先必须集聚和培育高级要素、专门要素,增加高级人力资本、异质人力资本供给。

第三,集聚和培育高级要素、专门要素需要社会合力作用,单靠创新主体企业是难以完成的。政府加大人才集聚的制度创新、加大地方高校的教育改革力度是关键。

第四,在区域高级要素存量一定的情况下,提升区域竞争力,取决于对这些要素的合理配置和利用,能否按机会成本最小化原则和总产出最大化原则配置,使高级要素汇集在主导产业重点行业以形成合力作用,这是政府制度供给研究的重要问题。

第五,提升区域竞争力涉及多种要素,这些要素联系到多个行业、多个主管部门,因此,需要各部门通力合作。

四、科技资源配置及效率评价相关研究

周寄中(1999)认为科技资源配置指的是科技资源在不同层次上的分配和使用。可以从微观和宏观两个角度来分析科技资源配置,前一个角度主要关注于某个科技活动主体如何有效分配和使用其内部科技资源,从而提高其科技资源的产出效率,其目标在于促进科技活动主体的创新水平。而后一个角度主要关注于全社会的科技资源在各个不同的科技活动主体之间的分配和使用,包括了科技资源在不同的科技活动过程、领域、区域之间的分配和使用,从而提高整个社会的科技资源的产出效率,其目标在于提高社会各个要素之间的

协调性。

对于科技资源配置的国内外相关研究可以总结为包括微观和宏观两个方面。微观层面主要关注于某个科技活动主体对已有的科技资源进行配置。凯瑟琳(Katharine,2001)在Cobb-Douglas的基础上研究了多家英国公司的研发强度,认为公司的研发支出对公司的创新能力具有显著影响,瓦尔德马尔(Valdemar,2004)采用生产函数方法,对丹麦的企业进行了研究,认为研发投入会增加劳动投入的要素生产率,但是会降低物质资本生产率。程宏伟(2006)的研究认为,上市公司的研发投入与公司的绩效之间具有正相关关系,但是这种正相关关系是逐年减弱的,但是企业研发投入与其主营业务利润率之间的正向关系却不会减弱。钟卫(2007)采用数据包络分析方法对不同类型和行业的技术效率和规模效率进行了研究,其研究结论认为研发投入规模越大的企业的投入产出效率水平越高。约尔格(Jorg,2006)认为日本的多家公司的研发投入受到预期回报率的影响。Wu(2005)的研究结论表明,企业的研发投入会受到政府对企业研发的税收优惠政策的影响。宏观层面主要集中于国家层面的科技投入、配置、政策等方面以及产出的效果评价。廖楚晖(2006)对我国政府的教育投资对经济增长的影响进行了分析,其研究结论表明,政府教育投入与人均国民生产总值之间具有正相关关系,因此,政府对教育的投入对经济具有正向影响。郭庆旺(2006)的研究表明,公共物质和人力资本投入这两者对国家经济的增长都具有促进作用,其中前者比后者的影响更大。哈维尔(Javier,2003)的研究结果表明,政府科技政策应当随着技术复杂性的增加不断变得更加具有实效性,科技政策需要提高各个研究机构之间的合作,给予研究人员充分的研究空间。

对于科技资源配置效率的国内外相关研究可以总结为两个方面,包括定量和定性。从定量角度去研究的学者较多。魏守华等

(2005)利用投入产出方法,并在 Cobb-Douglas 函数的基础上对科技资源配置效率进行了评价。吴和成等(2010)采用数据包络分析对我国 1999—2000 年各地区的科技资源配置效率进行了分析,并对各个地区的科技资源配置效率低下的主要决定因素进行了总结和分析。孙宝凤等(2004)对我国区域的科技资源配置效率进行了分析,并认为我国如果需要提高科技资源配置效率就需要注重投入产出的结构的调整,包括了直接和间接投入的影响,在科技投入过程中不能够只关注科技直接产出,也需要关注科技成果的后期转化问题。

由此可见,国外科技资源配置的研究主要从宏观和微观两个层面展开:对于宏观层面的科技资源配置的研究主要强调科技政策对科技资源配置的指导作用,一般采用定性研究与定量评价相结合的分析方法,对国家的科技资源配置现状、科技政策执行的效果等内容进行了纵向、横向的比较分析,提出了有益的建议。对于微观层面的科技资源配置研究主要是以企业为主体展开,以其研发资源的优化配置为目标,一方面从多个视角对影响企业研发资源配置行为的因素进行分析,另一方面采用运筹学等方法,建立基于多准则、多目标的决策模型,并与计算机相结合、进行管理软件的设计,从而有助于企业内部研发资源的优化配置,提高资源配置的效率与效度。

国内科技资源配置的研究目前主要从以下三种视角展开:第一,周寄中(1999)从科技资源发挥作用的视角出发,认为科技资源配置是指各种科技资源在不同时空上的分配和使用,包括配置规模、配置结构和配置方式。第二,孙宝凤、李建华(2001)从可持续发展的视角对科技资源配置进行拓展,将科技资源配置的目标拓展为实现经济可持续发展的最优成效、形成科学技术进步和经济可持续发展的一种良性循环。第三,师萍和李垣(2000)从系统的视角对科技资源及其配置进行定义,将科技资源体系划分为四个组成部分:科学、技术所形成的坚实核心;专业技能系统;技术市场;制度界面。对于科

第二章 政府优化科技资源配置的理论分析

资源配置方式的研究,国内学术界基本上形成了以市场配置为主、政府配置为辅的观点,主要从科技财政投入、科技体制改革等方面开展研究,但从整体上对其进行系统研究的较少。关于科技资源配置效果的研究,国内学者多数采用计量分析的方法对科技资源配置效率、配置能力进行评价,从而有助于对科技资源的优化配置提出更加有效的政策建议。

目前国内外关于科技资源配置的研究尚未形成完整的理论体系,关于科技资源配置评价的测度研究较多,但从政府视角,对科技资源优化配置的指标体系构建及其应用较少。因此,进行政府科技资源配置的评价指标体系构建,拓展评价内容,完善评价方法,从多角度、多层面对政府优化科技资源配置效果进行系统分析和评价,最终以实证研究加以检验,将丰富和发展科技资源配置理论;实践上,对政府优化科技资源配置及其效果进行综合评价,及时发现科技资源配置过程中的问题与缺陷,及早采取补救措施与弥补对策,这对缓解我国科技投入压力,加快科技进步、提升科技实力具有重要的现实意义。

第三章 政府优化科技资源配置系统分析

科技资源配置涉及配置结构、配置环境、配置运行和配置目标等方面，这些因素的共同作用影响着科技资源配置的效率和效果。本章将从系统论的视角出发对科技资源配置体系的形成过程与运行机制进行深入分析，对科技资源配置体系的构成要素、基本子系统以及各个子系统运行的机制，同时还包括其结构和运行机制进行分析，为后文的科技资源配置效率的评价奠定基础。

系统理论科学诸学科都着眼于世界的复杂性，确立了系统观点也即复杂性方法论原则，系统观点是对近代科学以分析为主的还原主义方法论和形而上学思维方式的一个反动。根据对复杂性的讨论以及系统科学的具体内容，可以把复杂性方法论分为整体性原则和动态性原则。整体性原则是系统科学方法论的首要原则。它认为，世界是关系的集合体，根本不存在所谓不可分析的终极单元；关系对于关系物是内在的，而非外在的。系统科学的动态演化原理的基本内容可概括如下：一切实际系统由于其内外部联系复杂的相互作用，总是处于无序与有序、平衡与非平衡的相互转化的运动变化之中的，任何系统都要经历一个系统的发生、系统的维生、系统的消亡的不可逆的演化过程。也就是说，系统存在在本质上是一个动态过程，系统结构不过是动态过程的外部表现。而任一系统作为过程又构成更大过程的一个环节、一个阶段。依据系统理论，科技资源配置系统由各个子系统组成，并且与外部环境相互作用，政府需要不断对外部环境的动态变化作出响应，并不断制定和调整相关发展战略，推动科技资源优化配置。

第三章 政府优化科技资源配置系统分析

一、政府优化科技资源配置系统构成

科技资源作为一个系统由科技人力、财力、物力、信息和组织资源构成,同时还有促进各种资源相互作用的机制和文化资源等。依据系统理论,系统要素之间的相互作用是系统存在的内在依据,同时也构成系统演化的根本动力。系统内的相互作用从空间来看就是系统的结构、联系方式,从时间来看就是系统的运动变化,使相互作用中的各方力量总是处于此消彼长的变化之中,从而导致系统整体的变化。可以将若干资源要素构成子系统,然后按照各自的模式进行整合。

可以讲,科技资源配置系统划分为支撑保障性科技资源子系统和效能功用性科技资源子系统。这两个子系统相互作用相互影响,最终促使科技资源配置系统的不断演化,从而提高科技资源配置效率,两大子系统之间的关系是:前一子系统为后一子系统的作用的发挥提供了基础和前提,而后一子系统为前一子系统的运行提供了保障。政府优化科技资源配置子系统分析主要包括:

(一)支撑保障性科技资源要素子系统

这一子系统主要由科技人力、物力、财力、信息和组织五种资源构成。科技人力资源主要是指在组织中对系统性科学和技术知识产生、传播以及应用等实施的人力资源。它不仅包括了实际进行科技活动的人力,而且还包括了可能进行科技活动的人力。科技人力资源作为重要的战略资源已经受到了各个国家的重视,特别是在目前的知识经济时代,科技发展较快,科技人力资源已经成为了社会发展的重要动力,往往可以采用科技资源力来对国家的综合国力进行评价。科技财力资源主要指的是研发经费及其占国内生产总值的比重。作为对国家或者地区创新能力和竞争力评价的主要指标,科技财力资源不仅对科学技术发展具有重要作用,而且对于社会和经济发展具有重要的影响。科技物力资源主要指的是各种机器设备、仪器、基地和实验室等,对于国家而言,还包括各个研究机构、大学、科技服务机构以及工程研究中心等。从全球范围来看,诸多国家在技术基础设施上的投资规模越来越大,不仅仅源于经济增长对其的需求,而且还因为科技物力资源能够带动私人投资,具有政策性的引导作用,从而带动国内需求的增加,提高国内经济的发展水平。科技信息资源主要指的是各种科学研究和技术创新成果,但是这些成果主要是以知识信息的形式表现的,专利、期刊、论文等是科技信息资源的主要载体,而且其载体也在不断地多元化。科技信息资源可以看作是以知识信息形态表现出来的各种成果,这些成果是经过人类的各种科技活动开发与组织的科学研究和技术创新成果。科技组织资源主要是指各种科研机构、高校和私营研究机构等,科研机构包括了政府、企业和其他科研机构。这五个因素方面中人力资源要素是最具决定性、能动性和智慧性的资源要素,而财力、物力、信息和组织资源要素是人力资源要素发挥作用的重要客体,构成了辅助要素。需要说明的是,科技人力资源作为一种核心资源,需要得到政府和企业的足够重视,政府在人才队伍建设中的一个直接作用,就是通过设立科学研究计划和人才培养资助计划等形式,支持和培养重点领域的领军人才。为切实保证领军人才培养所需的资金投入,政府应建立以政府资金为导向,用人单位投入为主体,社会资金投入为补充的多元投入机制,实现以领军人才及其团队为核心,以项目为载体的市场化项目支持模式,建立领军人才资助的长效机制。在科技计划重大专项、重点项目和基地建设项目的立项上,给予科技领军人才优先支持,财政每年对团队建设所需经费给予适当资助,重点用于团队的科技攻关和条件建设等。人均经费投入强度过低不但会影响科技创新活动,而且还会影响科技人员队伍的稳定和科技人员的积极性,也不利于吸引高素质的科技人才。提高人均科技经费投入,不但有利于开发和利用科技人力资源,同时也有利于吸引优秀人才,形成人才资源开发与经济和科技发展相互促进的良性发展机制,提高科技活动的产出效益,增强核心竞争力,实现跨越式发展。科技人力资源是有限的,尤其是高级人才更加短缺,所以企业间的技术合作、高等院校及科研院所与企业间的合作研究非常重要。应采取措施鼓励企业、高等院校、科研院所间的合作研究开发,加快科技活动人员在企业、高等院校、科研院所间流动,逐步实现科技人才资源共享,提高科技人力资源的利用率。

(二) 效能功用性科技资源要素子系统

这一子系统主要由科技创新、体制和文化资源这三个要素组成。科技创新和文化资源要素主要是在科技活动中,科技资源配置系统中的各个要素长期的相互作用和影响所形成的一种自发性的特征,而科技体制资源要素则位于系统外部,其作用主体是相关的科技政府部门,其存在的作用是为了保证科技活动能够有序进行,同时科技资源能够有效地被利用。实际上,前两个要素可以看作是一种诱导性的资源要素,而后一种具有一定强制性,因此,可以看作是一种强制性的资源要素。

科技资源配置的主要因素是各种市场行为,科技资源配置以市场需求为导向,以竞争优势的获取为最终目的,因此,需要充分发挥市场对科技资源的调节作用。统筹科技资源,障碍在体制约束,关键在机制创新。要实现科技资源的深度统筹整合,就必须稳步推进科技体制创新,突破科技资源条块分割、配置不当的体制性障碍,加快建立以企业为主体、政府积极参与、强化市场活力和适应市场需求的政产学研相结合的创新体系,建立适应市场发展的科技人才创新机制和军民融合发展的共建机制。搭建互动平台,实现优势科技资源与地方特色产业的相互融合与发展,形成高技术资源共享和相互转移的良好格局,这样才能最终促进科技资源优势向科技创新和经济发展优势转变。以市场需求为导向,建设具有"资源共享、协同创新、技术转移、创业孵化、决策咨询"等功能的科技资源大市场公共服务平台,是加强统筹科技资源的根本举措。建设和完善科技资源大市场网络基础设施,完善数据、文献、自然科学资源和科学仪器共享系统,整合健全提升技术、检测、转化服务系统,推进科技资源集成服务、科技成果转化等若干示范工程建设是建设科技资源大市场的重要内容。

二、政府优化科技资源配置系统结构及运行

(一)政府优化科技资源配置系统的结构及特征

1. 科技资源配置系统的结构

系统结构,是指系统内部各组成要素之间的相互联系、相互作用的方式或秩序。科技资源配置系统结构主要指的是科技资源配置系统主体、客体以及主客体之间的内在联系等。

科技资源配置系统的主体主要包括了政府、科研机构、高校和企业等。一方面,科技资源配置的宏观主体——政府通过制定各种科技政策和规划等影响科技活动。另一方面,高校、科研机构和企业等通过联合培养、产学研和技术转让等方式实现科技资源的流动与共享,同时在科技资源形成生产力的过程中,通过对信息的交流和合作,提高了各自的创新水平。科技资源配置系统中的客体主要是人力、财力、物力和信息等资源,科技资源配置主体通过施加各种影响使得科技资源客体按照科技资源主体的意志形成某种结构,最终使

得客体的配置结构符合主体的某种要求。同时,科技资源配置客体自身的发展规律和属性特征也制约了科技资源配置主体的各种决策和行为,使得科技资源配置主体不可能完全进行自主性的构建过程。科技资源配置主体在科技资源配置系统中不断地对已有的各种科技资源要素进行分配,对科技资源的生产活动进行调节,而客体是这些主体作用的对象。另外的要素,如文化和机制等共同形成了科技资源配置系统的具体环境,在内外部环境的影响下,科技资源配置系统的机构逐渐形成,配置机能逐渐得到完善,功能不断得到强化。

2. 科技资源配置系统的特征

科技资源配置系统的特征主要包括以下几个方面:

第一,开放性。开放性指的是科技资源配置系统不可能孤立存在,需要同外部环境进行各种能量交换,只有这样,科技资源配置系统才能够从无序走向有序,提高配置效率。实际上与外部环境完全隔离、没有物质和能量交换的有序系统是不存在的。根据熵增加原理和系统理论,能量和信息交换系统中的熵值减少状态,可以使整个系统有可能从无序到有序。为了提高科学和技术资源要素的配置效率,有效地发挥科学技术的作用,促进经济发展,需要科技资源配置系统具有开放性特征。科技资源配置系统在运行过程中,不仅需要与不同的区域经济体系、人文和社会系统等进行配合,而且还要与区域资源进行交流互换。

第二,延迟性。延迟性往往是由于某个原因导致效果会随着时间的推移才能出现。如果提高技术创新资源投入或重新建立资源分配制度,那么必须通过企业、高校或科研院所的创新性活动,才有可能创造出科技成果,其效果将会被主体和外部环境所影响,这个过程中经常有延误,因此,科技资源配置系统中某个调整过程的效果往往需要过一些时间才能显现。

第三,等级性。政府具有宏观管理水平,科技资源配置系统中的政府往往通过制订各种科技计划来引导和规范技术资源,以实现科技资源在不同的创新体系内配置的整体优化性,同时创建产业和地区分布之间的创新链接。在微观层面的企业、高校和科研院所开展创新活动具有一定的独立性和协作性,以实现其快速发展。在科技资源配置系统与外部环境相互作用的过程中,逐渐形成了一个更高层次的科技资源分配制度。

第四,自组织性。科技资源配置系统具有自组织性,主要体现在与外部环境中的有效物质、能量和信息技术资源的交换过程中,必然会发生各个要素之间的内部非线性相互作用,在各种进化过程中可能会出现稳定的参量,从而产生一种自组织性,这种现象称为自组织现象。耗散结构理论揭示,事物无论从混沌走向有序,还是从热力学平衡态走向非平衡态,都与结构变化有关。一个远离热力学平衡的开放系统结构,在与环境交换物质、能量和信息并达到特定阈值时,结构就有可能引起质变,从热力学无序的平衡结构变为新的有序的耗散结构。结构的变化还可以增强或削弱质的外在表现——属性。系统内部在结构上总是呈现出并列与层次,这是任何系统普遍存在的规律。系统不仅在空间坐标中有结构,而且在时间坐标中也有结构。因此,科技资源配置系统中的各个要素通过内部的调整和相互作用,最终利用市场机制和政府干预,保证科技资源配置系统的有效有序地运行。

第五,动态平衡性。科技资源配置系统的动态平衡发展,是指因内外环境发生变化,科技资源配置系统原有的平衡运转机制被打破,科技资源配置系统为此要按新环境要求重塑平衡,以此推动自身不断成长的周而复始的循环过程。科技资源配置系统动态平衡发展问题的本质是如何处理好科技资源配置系统环境变化之间的关系。

(二) 政府优化科技资源配置系统的运行机制分析

可以从能力和效率两个方面来分析科技资源配置系统配置行为

的结果。其中能力主要指的是科技资源规模的扩大,强调了科技资源在数量上的绝对增加。而效率指的是科技资源的投入产出比,强调了科技资源在相对量上的提高。单纯依赖科技资源投入来拉动能力的增长,可能会导致科技资源的浪费和粗放式发展,因此,能力的提高不仅依赖于科技资源投入的增加,而且依赖于科技资源投入产出效率的提升。科技能力的提升需要建立在科技投入产出效率增长的基础上,这样才能保证科技能力的可持续性和竞争力。同时,科技投入如果以效率提升为目标,那么有利于形成科技资源的科学配置,促进利用效率的提高。因此,对于科技资源配置效率的分析在科技资源配置过程中具有重要的地位和作用。

由于科技资源配置效率受到科技资源配置系统内外部因素的影响,它是一种配置效果,而这种配置效果是在科技资源配置系统与外部环境作用的过程中产生的。因此,科技资源配置效率受到了科技资源运行机制的影响。为了对科技资源配置系统进行更加深入的分析,需要对科技资源配置系统的运行机制进行分析,这样可以保证科技资源配置效率和影响科技资源配置效率的因素处于同等重要的地位。实际上,对于科技资源配置系统而言,影响科技资源配置效率的因素是导致科技资源配置结果的最终的因素。

1. 市场对科技资源的分配机制

科技资源配置方式主要有两种,包括计划配置和市场配置方式。其中科技资源计划配置的主要决策权集中于各级政府,各种科技资源的计划配置结构等方面反映了政府的偏好和意图,因此,计划配置最终的结果是直接或者间接地反映了政府的某种偏好,实现科技资源的数量化配置。在计划经济条件下,科技资源的计划配置方式具有一定的作用,但是在市场经济条件下,计划配置方式存在一定的问题。科技资源的市场配置方式主要由市场来对科技资源进行配置,其优势是明显的。例如,市场经济中对信息的敏感性的要求使得科技资源能够准确和及时地被分配到需要的地方,市场经济中对效益的要求使得科技资源能够具有较高的使用效率。总之,由各种竞争法则和交换规则,以及各种价格规则组成的市场作为一种新的科技资源配置方式,能够有效地对科技资源进行配置。市场机制条件下,各种要素之间通过相互作用和影响,最终形成了市场对科技资源配置的自发调节作用,价格机制通过价格的自动调整来对科技资源的需求和供给进行必要的调节,从而使得科技资源市场能够正常运行。资源配置功能作为市场机制下市场的最本质的功能,在各种价格机制和自发调节机制体系的指引下不断发展,最终实现对科技资源的高效配置。

科技资源要素市场中也会逐渐形成市场配置,从而使得科技资源配置系统中的市场机制逐渐形成。这种科技资源要素的自配置体系的形成,有利于市场在科技资源配置中的作用的发挥和功能的实现,提高科技资源的配置效率。科技资源的自配置体制在市场的调节下主要可以划分为:(1)科技人力资源要素市场,通过对人力资源要素采用市场价值机制进行调节,可以使得人力资源要素从低效率的环境中流向高效率的环境中,从而能够使得人力资源发挥更高的自我价值和创造性。以上的市场配置方式能够对人力资源的良性循环机制的形成起到一定的促进作用,同时也对人力资源的配置效率的提高具有较大的促进作用。虽然市场配置机制具有以上优点,但是,它也存在各种问题,市场配置将会导致各种活动以利益为中心,各种行为也以满足个体利益为中心,这将会导致科技人力资源不会主动从事各种基础性研究,而只是追求眼前的应用性研究,市场在这种情况下会出现市场失灵现象。因此,制度和文化作为市场配置方式的补充的存在会显得格外重要。(2)科技财力资源要素市场,该市场提供了充裕的资金给科技资源配置,有利于提高科技资源配置效率。其推动作用主要体现在两个方面,一是有利于消除科技资源配置市场中资金供给主体的单一化,有利于形成资金提供主体的多元化,这种多元化能够降低配置主体对供给主体的依赖性,并且降低投入主体所面临的风险;二是市场中的价格机制能够使得科技财力资源向着产出效率高的执行主体转移,从而为资金配置效率的提高起到了促进作用,能够为科技资源配置行为带来更高的收益。(3)科技物力资源要素市场。科技物力资源要素通过市场可以进行各种交易,这种交易性提高了科技物力资源的流动性,因此,对于科技物力资源要素的浪费现象具有一定的抑制作用,不仅有利于提高科技资源配置效率,而且有利于节约科技活动经费。(4)科技信息资源要素市场。科技信息资源要素市场为科技成果的供给方和需求方提供了一个公平和公开的交易平台,通过价格机制对各种行为进行协调,同时,在自发协调过程中还能够对供给和需求两方面的各种失衡状态进行调节,由此可见,这种自发的对供给和需求的调节能够使得科技对经济发展具有正向的促进作用。但是,由于市场中可能存在的信息不对称,需要在市场资源配置的同时建立相关的制度和文化规范,并对市场配置进行引导。

2. 科技资源的制度配置机制

科技活动具有一定的公共属性,以及外部性,同时,市场虽然能够形成各种科技资源的自动配置机制,但是还存在着信息不对称等现象,这些都会影响市场配置科技资源的效果,降低市场的有效性。可以将各种制度解释为要求大家共同遵守的办事规程或行动准则,也指在一定历史条件下形成的法令、礼俗等规范或一定的规格,它对人们的行为具有一定的约束作用,其涵盖的范围也比较广泛。按照规定的对象不同可以划分为经济、政治和文化等方面的制度。科技资源配置制度的建立可以降低各种交易成本,并且为科技活动主体之间的合作提供各种激励,使得它们之间的合作成为可能。对于科技资源配置活动而言,其中的计划和协调等过程都能够形成各种制度,这有利于减少各种无序性和不确定性,有利于有序竞争,弥补了市场对科技资源的配置的无效,提高科技资源配置效率。在群体决策中,制度的作用更加重要,它作为一种行为规范会对群体的行为和思想产生巨大的影响,对后者具有重要的规范和约束作用。对于科技资源配置活动的有序进行而言,制度是不可缺少的一项机制,而同时,科技资源配置活动的不断进行也会促进制度机制的不断完善,最终形成一套成熟的制度。

对于科技资源配置中的制度机制而言,主要包括了以下几个方面:(1)法律制度。法律不仅可以有效地对科技资源进行配置,而且可以防止市场和政府配置方式下各种偏差的产生,因此,法律对于科技资源的配置具有至关重要的作用。市场配置和政府配置只有在法律的保证下才能够有效地起到促进科技资源配置效率提高的作用。实际上,对于科技资源配置而言,法律主要从三个方面进行作用。首先,可以从法律上对科研经费的支出比例进行规定,同时对科研经费的预算、投资方向、投资计划等方面进行确定,以确保能够科学的分配各种财力,对一些重大的关键性问题进行集中解决,扶持社会发展过程中处于重要地位的行业。其次,从法律上强调市场与政府两种调节方式的结合,这一制度既有利于市场在自由调节方面的优势,同时还能够充分发挥政府的宏观调控优势,为科技资源优化配置提供制度保证。制度化的设施对于组织的决策的有效性尤为重要,制度化能够保证产权的合法性,从而促进个人的努力向着社会化活动接近,使得个体的收益能够达到社会的平均收益率。最后,对于科技活动过程中所产生的创新成果,既保证创新主体能够获得创新成果所产生的各种垄断利润,同时在一定时间之后能够使得创新成果具有社会性,也就是创新成果具有一定的时效性。社会可以通过各种公开的文献系统地了解到某个领域的创新进展,从而使得社会都能够了解到目前科技的发展状况,在结合自身技术能力的基础上,选择研究领域,从而能够有效地实现科技资源的非重复性的优化配置。(2)产权制度。产权是经济所有制关系的法律表现形式。它包括财产的所有权、占有权、支配权、使用权、收益权和处置权。在市场经济条件下,产权的属性主要表现在三个方面:产权具有经济实体性、产权具有可分离性、产权流动具有独立性。产权的功能包括:激励功能、约束功能、资源配置功能、协调功能。以法权形式体现所有制关系的科学合理的产权制度,是用来巩固和规范商品经济中财产关系,约束人的经济行为,维护商品经济秩序,保证商品经济顺利运行的法权工具。对于市场交易而言,其本质可以看作是权利的交易,因此,明确确定的产权是市场资源配置的主要前提,只有在产权被界定清楚、同时交易各方的权利和义务被法律所规定时,才能够减少市场交易行为中的各种权责不清的情况,科技资源才能够有效地在各个生产部门之间顺畅地流动。如果产权制度不清晰,会导致科技资源市场配置存在低效率的现象。(3)宏观调控制度。政府宏观调控制度的建立有利于人力、物力和财力等资源的有效配置,由于我国目前的科技资源要素市场处于初步建立的阶段,因此,科技要素市场供给和需求还不能够达到平衡的状态,由于某些领域的供给大于需求,而另外一些领域的需求大于供给,因此,政府宏观调控能够使得科技资源在各个领域间流动,从而提高科技资源的配置效率。另外,对于某些关系到国家安全领域的要素市场,国家可能规定只能由国家政府进入而不能由市场直接进入;对于由政府进入的领域必须保证政府能够及时修正科技资源配置活动中的失灵状态,对于科技资源市场配置中的失误能够及时地予以纠正,与市场共同优化配置科技资源。

3. 科技资源的文化配置机制

文化机制是科技资源配置系统中自发形成的一种机制,它能够为科技活动主体提供一种固有的行为方式和准则,对于科技活动主体的各种行为能够起到规范的作用。文化配置机制一方面能够和社会规则一样对科技活动主体起到自我限制的作用,同时,也能够对科技活动主体的行为产生影响,使之能够在一定的文化配置机制中进行科技活动。文化配置机制不仅会起到自我限制的作用,而且能够起到一定引导性和规范性的作用。对于文化配置机制而言,可以建立起一套共享机制。这种文化共享机制能够建立起科技活动主体之间的相互信任、风险公担、信息共享等机制。

4. 科技资源市场配置、制度机制配置和文化配置机制的作用分析

对于科技资源配置过程而言,市场起到了一个基础的自组织配置作用,但是由于科技活动中可能存在一定的非意愿的技术溢出,从而导致市场失灵的现象发生,因此,市场配置所产生的这种自组织配置机制只有在制度和文化的规范下才能够建立。对于文化而言,它作为一种自发的约束科技活动主体行为的规则,对于科技人员的行为等方面具有一定的引导和规范作用,并且在不断地引导和规范过程中促使科技人力资源、财力资源和信息资源等有效地流动,实现对科技资源市场配置的补充。对于制度而言,它是在科技活动中形成的,它体现了特定的情境下的文化,但是其实施和运行离不开科技活动主体的理解和认同,因此,科技活动主体之间的认同共同构成了制度的有效运行,同时也决定了某项制度的运行成本和运行结果。制度虽然来源于文化,但是它又可以看作是文化的一种现实的载体,它作为一种对市场无效行为的调节手段,能够对市场中的资源配置行为进行规范和约束。只有在文化和制度的共同作用下,市场配置机制的效果才能够发挥。

由此可见,市场、制度和文化的共同作用能够对科技资源配置效率的提高起到重要的促进作用,对于实现科技活动来增加社会福利具有重要的影响。

三、政府优化科技资源配置系统的环境分析

政府优化科技资源配置系统的存在与其所处的环境有较大的关系,并且会不断与外部环境发生各种交换,在相互作用的过程中会不断产生创新,同时系统也会不断进行各种自适应过程,以此来与环境变化保持一定的协调性。在自适应的过程中,科技资源配置系统会与环境发生物质和信息等方面的能量交换,会对环境产生一定的影响。政府优化科技资源配置系统所在的经济、政治、市场等环境会影响其投入和产出,从而对配置效率产生影响,具体可以表述为:

(一)经济环境对政府优化科技资源配置的影响

作为政府优化科技资源配置系统中投入的主要部分,经济发展为科技资源配置系统提供了各种基础性的保证,同时,政府优化科技资源配置的最终目标是促进经济的可持续化发展。由此可见,政府优化科技资源配置系统与经济环境之间相互影响,相互促进。合适的经济政策能够促进政府优化科技资源配置系统与经济环境之间的良性循环发展。经济杠杆是国家或经济组织利用价值规律和物质利益原则,影响、调节和控制社会生产、交换、分配、消费等方面的经济活动,以实现国民经济和社会发展计划的经济手段,包括价格、税收、信贷、工资、奖金、汇率等。因此,可以运用经济杠杆充分优化科技资源,调动科技活动主体的内在创新潜力,顺利实现科技资源优化配置。

(二)政策法规环境对政府优化科技资源配置的影响

为实现优化科技资源配置,政府往往会制定各种政策法规制度。政策方面主要有经济、科技、人才和技术政策等方面,而法律法规方面则较多,全国人大及其常委会制定了科技进步法、农业技术推广

法、促进科技成果转化法、科学技术普及法、计量法、标准化法、专利法等十几部与科技相关的法律,国务院及其有关部门制定了计算机软件保护条例、植物新品种保护条例、科学技术奖励条例等一系列有关科技的政策法规。各地方也纷纷出台相应的法规、实施细则等。这些政策法律法规对保障我国优化科技资源配置起到了重要作用。

(三) 市场环境对政府优化科技资源配置的影响

各种科技资源的优化配置以及经济发展依赖于市场环境,主要包括科技、人才等市场。市场的完善程度等对于科技资源在需求方面具有重要影响。而市场的开放性则决定了科技资源配置的广度和深度。对于市场中的各种竞争行为而言,最终体现在产品和服务中所包含的各种科技资源的竞争,这要求科技活动主体能够不断地创新产品或者服务,依赖各种创新活动来提高企业的核心竞争力,不断开拓市场。随着市场环境条件的迅速变化,创新将会具有很强的时效性,但是在过去很长的一段时间内,由于科技资源配置难以达到最优的程度,往往造成资源的投入不足或者浪费,因此,科技活动主体的决策速度往往很难满足市场竞争的时间要求。总之,不断变化的市场环境使得科技活动主体必须不断加强技术创新活动,促进科技资源的合理优化和利用。

(四) 人文环境对政府优化科技资源配置的影响

政府优化科技资源配置系统中各个科技活动主体对科技资源配置的态度和意识,以及对于科技活动和人员等的重视程度构成了人文环境。由此可见,人文环境会影响到科技资源的投入,一个积极的开放式的人文环境会引导科技活动主体的科技资源配置行为,从而有利于配置效率的提高,而一个消极的封闭的人文环境可能会阻碍科技资源的配置。

(五) 自然环境对政府优化科技资源配置的影响

自然环境可以看作天然存在的自然物(不包括人类加工制造的原材料)并有利用价值的自然物,如土地、矿藏、水利、生物、气候、海洋等资源,它是生产的原料来源和布局场所,在一定的时间和技术条件下,能够产生经济价值。但是,随着人类活动对自然环境的不断破坏,人类与自然环境之间的矛盾不断被深化,因此,需要结合各种科技活动去协调两者的发展。由此可见,自然环境肯定会对政府优化科技资源配置产生影响。政府科技资源配置系统也会对自然环境产生影响,包括了科技资源要素之间的相互作用会不断为自然环境输出各种科技成果,部分科技成果可能会对自然环境造成破坏。因此,政府优化科技资源系统中应当充分考虑到自然环境的存在,充分重视系统对自然环境的影响,不断对系统的输出进行调整,从而使之与自然环境能够和谐发展。

四、政府优化科技资源配置的路径研究

由于对科技资源优化配置的主体之间的关系和责任进行系统研究的较少,本节试图以政府、企业、高校和科研机构等科技资源配置主体为研究对象,运用合作博弈理论来分析各主体的配置特性,使之在国家创新体系中,准确定位,形成合力创新、优化配置的良好格局。

科技资源配置主体为了实现自己的目标,按照自己的承受能力,会最大限度地利用全社会科技资源,提高投入产出比。在现实过程中,某个科技资源配置主体会成为主导,它将联合、整合、利用其他科技资源配置主体手中的科技资源,暂时成为科技资源配置主体的主体,即成为科技资源主体利用者,其他科技资源配置主体将成为科技

资源的提供者。在不同的事件中,每个科技资源配置主体或成为科技资源的提供者,或成为科技资源的主体利用者,在不同条件下,主体利用者与资源提供者之间可以相互转化,发生联动的变化,而且各个方面是相互联系、相互影响的,任何一方面存在问题都会影响科技资源配置的整体效果。

科技资源主体利用者往往会考虑到科技资源提供者的承受能力和满意程度去决定具体配置措施的使用,而一个理性的资源提供者在决定自己采取何种行为时也会主动地考虑主体利用者的利益和要求,如果主体利用者和资源提供者采取一种合作态度并能够达成双方可共同遵守的某种协议,则在科技资源优化配置中可形成合作博弈关系。

局中人的数目多于 2 人的合作博弈称为多人合作博弈。假设局中人是 3 个,则有可能形成 3 人全部参加合作或是 3 人中的 2 个人进行合作的局面。对由 2 人形成的联盟而言,可以使他们 2 人获得最大利益,而可能的利益分配结果支配着联盟的形成。设主体利用者 M_A 拥有的科技资源为 $R=(x_1^k,x_2^k,\cdots,x_r^k)$,$r$ 为资源种类数。根据各种科技资源主体利用者形成 n 个策略集,且根据其投入量的多少可设计 m 种配置方案,则 $\sigma_{Ai}^k=\{f_{ij}^k(x_1^k,x_2^k,\cdots x_r^k),(j=1,2\cdots,m)\}(i=1,2,\cdots,n)$。设有 Z 个资源提供者 ($z=1,2,\cdots,z$),再令对主体利用者的科技资源优化配置的策略集 $\sigma_{zj}^k=(u_{zij}^k/d_{zi}^k)\times100\%$,$(i=1,2,\cdots,n)$ 为第 z 个资源提供者对优化配置策略 $f_{ij}^k(x_1^k,x_2^k,\cdots,x_r^k)$ 的满意度集。

科技资源优化配置合作博弈实际上需要经过两个层次的博弈过程才能确定出合作博弈解。第一层次博弈是 Z 个资源提供者的博弈过程,对应于主体利用者的某一种策略,假设存在一个全部不可优超的分配方案的集合(核心 Core,在合作博弈论中,优超的概念说明集体 N 的分配方案,不仅仅要满足个体理性 $x_i \geq U_i$,而且要满足"小集体"的理性。否则大集体 N 的分配方案是无法实现的,从而大联盟就不能实现;"Core"则表示全部不可优超的分配方案的集合)。当集体选择了某个核心中的分配方案时,局中任何人不再有能力否决这个方案。在这样的分配方案下,主体利用者集体利益的最大化就有可能实现。设 B 代表资源提供者组成的集体,对应于主体利用者的第 i 个策略,资源提供者从 m 个对策中集体选择的最优对策为 σ_{Bip}^{k}(某个核心中的分配方案)。

第二个层次博弈是 Z 个资源提供者组成的集体 B 与主体利用者 M_A 的博弈过程,对应于主体利用者 M_A 的 n 个策略集 $\sigma_{Ai}^{k} = \{f_{ij}^{k}(x_1^k, x_2^k, \cdots, x_r^k), (j = 1, 2, \cdots, m)\}(i = 1, 2, \cdots, n)$,资源提供者集体 B 从 m 个对策中集体选择出 n 个最优对策为 $\sigma_{Bip(i)}^{k}(i = 1, 2, \cdots, n)$,主体利用者 M_A 与资源提供者集体 B 再从 n 个策略对集 $(\sigma_{Aip(i)}^{k}, \sigma_{Bip(i)}^{k})$ 中通过协商优选出最佳合作博弈解。即相当于主体利用者 M_A 与资源提供者集体 B 结成大联盟 N,得到最大的利益 $V(N)$,然后通过选择 n 个策略集所有的核心中的一个最佳分配方案,把得到的这个最大利益分配给局中人。局中人从分配中得到的利益超过(或不低于)他们自己单干或形成小集体可以得到的利益。

设 $u_{A(ij)}^{k} = e_{Aij}(x_1^k, x_2^k, \cdots, x_r^k) - c_{Aij}(x_1^k, x_2^k, \cdots, x_r^k)$ 为主体利用者在策略 $f_{ij}^{k}(x_1^k, x_2^k, \cdots, x_r^k)$ 下投入科技资源 $(x_1^k, x_2^k, \cdots, x_r^k)$ 后所得到的实际赢利,其中 $e_{Aij}(x_1^k, x_2^k, \cdots, x_r^k)$ 为得到的收益, $c_{Aij}(x_1^k, x_2^k, \cdots, x_r^k)$ 为投入成本。

设 $u_{B(ij)}^{k} = e_B(f_{ij}^{k}(x_1^k, x_2^k, \cdots, x_r^k), \sigma_{Bj}^{k}) = \sum_{z=1}^{z} u_{z(ij)}^{k}(f_{ij}^{k}(x_1^k, x_2^k, \cdots, x_r^k), \sigma_{zj}^{k})$ 为资源提供者集体 B 在主体利用者的科技资源优化配置方案 $f_{ij}^{k}(x_1^k, x_2^k, \cdots, x_r^k)$ 下所获得的集体总收益。则 Z 个资源提供者组成的集体 B 与主体利用者 M_A 的博弈矩阵可表达如表 3-1 所示。

表 3-1 科技资源优化配置博弈矩阵

	σ_{A1}^k	σ_{A2}^k	...	σ_{An}^k
σ_{B1}^k	$(u_{A(1,1)}^k, u_{B(1,1)}^k)$	$(u_{A(2,1)}^k, u_{B(2,1)}^k)$	...	$(u_{A(n,1)}^k, u_{B(n,1)}^k)$
σ_{B2}^k	$(u_{A(1,2)}^k, u_{B(1,2)}^k)$	$(u_{A(2,2)}^k, u_{B(2,2)}^k)$	...	$(u_{A(n,2)}^k, u_{B(n,2)}^k)$
$\vdots$	$\vdots$	$\vdots$	$\vdots$	$\vdots$
σ_{Bm}^k	$(u_{A(1,m)}^k, u_{B(1,m)}^k)$	$(u_{A(2,m)}^k, u_{B(2,m)}^k)$	...	$(u_{A(n,m)}^k, u_{B(n,m)}^k)$

综上所述,合作博弈下的科技资源优化配置机制的形成可以看作是资源提供者与资源提供者合作博弈、主体利用者与资源提供者合作博弈两个层次合作博弈的结果。在表 3-1 合作博弈矩阵中存在着一个可协商解决,且双方都能够接受的利益分配决策方案集,通过谈判,在考虑集体理性的前提下,可以从中找到一个对主体利用者与资源提供者双方来说都是最优的决策方案。

(1)在社会科技资源总量一定的情况下,短期内提高科技资源产出效率的最佳途径就是,通过扩大整合科技资源和优化配置实现产出最大。

(2)科技资源的配置要力争在不损害任何一个科技资源提供者主体的利益和不减少任一科技资源提供者主体科技资源的前提下,在不同的调控手段和不同的应用领域找到一个对于双方来说都是最优的决策方案,实现科技资源的优化配置。

(3)在科技资源配置过程中,各配置主体之间要加强沟通、采取积极的合作态度,形成合作博弈,达到"1+1>2"的效果。

第四章　政府优化科技资源配置评价体系分析

本章首先对政府优化科技资源配置评价体系构建过程中的目标以及基本框架进行了分析,然后对政府优化科技资源配置评价指标体系的构建结构和原则等方面进行分析,最后对政府优化科技资源配置评价方法进行了总结分析。

一、政府优化科技资源配置评价体系构建

(一)政府优化科技资源配置的目标

作为一个逻辑起点,政府优化科技资源配置的目标对于科技资源优化配置具有重要的作用。国家强调科技体制改革需要与目前的改革开放进程保持一致,对于科技下一步的发展需要保证有充分的准备,使得科技资源的投入规模有较大的增长,科技资源的投入结构更加合理,投入的效率能够显著地得到提升。政府科技系统同样需要遵循可持续发展的观念,在数量和质量方面能够具有较好的优化配置作用,它是整个科技系统中最为重要的一部分。为了能够实现政府科技优化资源的目的,目前的政府优化科技资源配置的主要目标应当是在保证社会经济快速平稳的发展前提下,能够有效地调整其规模和结构,在实现科技资源配置的效率提高的同时兼顾科技资源配置的公平,实现整个社会科技资源配置的可持续的全方位的发展。具体可以细化为以下几个分目标:

1. 提高科技资源质量

政府优化科技资源配置目标中最为重要的是在一定质量范围内保证科技活动的质量和效益,因此,科技资源质量和效益是科技活动的生存之本。为了达到科技资源优化目标,必须处理好科技资源配置规模、结构等方面与科技资源质量和效益之间的关系。只有对以上各个因素之间的关系有效地统筹好,才能够顺利地实现优化配置目标,因为,这几个方面之间的关系是辩证统一的,并且相互之间存在着作用、影响和制约。对于国家、区域和省域而言,其经济的发展水平和技术创新能力都与科技资源的质量和效益具有显著的相关关系。在政府优化科技资源配置的过程中,如果单纯地追求规模和速度,那么从长远的角度来看,必然导致质量上的落后,从而会对社会的发展产生不利的影响,对经济的发展更加不能达到可持续发展的目标。因此,对于科技资源的质量的保证,可以看做是政府优化科技资源配置的首要目标。

2. 提高科技资源的结构效益

经济学理论认为科技资源投入达到一定范围时,可以实现范围经济,因此,政府可以通过对科技资源的投入产出结构进行合理的优化,从而获得结构上的收益。在科技资源投入结构方面可以进行以下几方面的改进措施,主要包括:首先需要科学界定不同类型的科技资源中的不同品种之间的比例关系;其次需要对各种不同的类型的科技资源的比例关系进行科学的界定,对于科技人力、财力和信息等方面的资源的合理组合投入,能够有效地提高科技资源的配置效率,优化总资源的投入结构;最后对于科技资源在各个不同的区域内的分布结构进行优化。对于科技资源产出结构方面可以从以下几个方面进行改进:首先是政府层次的科技资源产出结构的比例关系;其次是各个学科科技活动的比例;最后是政府在科学发展、人才培养以及社会服务等方面的比例。因此,政府优化科技资源配置的重要任务,

第四章 政府优化科技资源配置评价体系分析

需要对科技活动的投入产出结构进行合理的确定,这对于政府、经济和社会的良性发展具有重要的意义。

3. 提高科技资源的规模效益

经济学理论认为,由于生产专业化水平的提高等原因,企业的单位成本下降,从而会形成企业的长期平均成本随着产量的增加而递减的经济。我国目前的科技发展处于一种规模的不断扩大时期。但是由于规模大会带来柔性较差、资源容易被浪费等方面的弊端,因此,科技资源的规模需要与现有的科技资源要素市场的需求相匹配。对于各个地区的科技资源配置,需要结合当地的环境,包括经济和社会环境,使得科技资源配置与这些因素相互协调。另外,政府优化科技资源配置的规模还要与各种教育资源相匹配,科技资源的最终利用需要依赖于各种科技活动人员,因此,科技人员的缺乏必然会导致科技资源无法转化为现实生产力,但是由于教育资源投入后的产出需要有一段时间,因此,如何保证适度的科技资源发展规模也是重要的问题。

4. 提高效率的同时兼顾公平

由于政府优化科技资源配置的目的是为了使得科技资源能够有效地促进社会和经济的发展,因此,在科技资源配置方面,需要在提高效率的同时保证公平。在给定投入和技术的条件下,经济资源没有浪费,或对经济资源做了能带来最大可能性的满足程度的利用,我们可以看做这是配置效率。配置效率的提高可以表现为在一定的科技资源投入情况下,更多的科技成果产生、培养更多的科技人才以及为社会经济的发展提供了更多的资源等。公平一般是指所有的参与者(人或者团体)的各项属性(包括投入、获得等)平均。但是公平一般是在理想状态实现的,没有绝对的公平。现代社会和道德提倡公平,公平也是各项竞技活动开展的基础。但真正意义上的公平是不存在的,公平一般靠法律和协约保证,由活动的发起人(主要成员)制定,参与者遵守。因此,在科技资源配置方面的公平,主要体现在对科技资源的占有、使用和分配方面的合理的均衡。为了能够实现科技和经济的协调发展,需要在公平竞争的环境下采用公平的科技资源配置来努力优化科技资源配置结构,扩大科技资源规模,从而保证政府科技资源配置效率的提高。从更大的范围来讲,科技资源子系统为了能够与整个社会大系统的发展趋于一致,需要处理好质量、规模、效率和公平这几者之间的关系。

(二) 政府优化科技资源配置评价基本框架

对于政府优化科技资源配置的评价,本质上可以看做是采用一定的方法,选择一定的指标对科技资源的配置效率进行分析。现有研究较多地对单个科技项目进行了绩效评价,而科技资源配置评价大部分是从宏观的角度进行分析,涉及国家、区域、省域和市等多个层面。另外,对于科技资源的评价不仅包括了政府投入的科技资源,而且还应当包括其他科技活动主体的投入。由于不同科技活动主体投入的科技资源难以完全区分开来,同时,不同科技主体的投入之间相互联系较为紧密,其产出也具有较大的重叠性,因此,在本研究中并未对政府、企业、高校和科研机构等的科技投入进行区分。

对于科技资源配置评价而言,它是一个完整的复杂系统,从评价过程来考虑,包括了评价主体的确定、指标的设计和方法的确定;从评价中的参与者来分析的话,包括了政府科技主管部门、企业中的科研人员等,因此可以认为,科技资源配置评价作为一个复杂过程,具有自身的特点。因此,建立一个清晰的科技资源配置评价的分析框架,有助于优化科技资源配置效率。

对于科技资源配置的评价模型而言,主要是确定科技资源配置评价的指标和方法两个部分。评价指标体系指的是若干个相互联系的统计指标所组成的有机体。评价方法指的是采用什么样的方法进行评价。评价指标体系是整个评价过程的重点所在,主要是指标的来源和依据。由于评价问题中,不同的研究主题、同一评价对象所对应的评价指标可能不同,因此,关于为什么选择这个指标而不选择另外的指标,或者指标体系能否准确进行评价等问题,一直是建立评价指标体系的关键所在。另外,采用不同的评价指标对于最终的评价结果的科学性也具有重要影响,因此,需要从系统整体的角度对评价指标体系进行深入研究。

研究中主要采用以下思路构建科技资源配置评价模型:第一是对该模型的过程进行分析,主要包括了评价指标体系和评价方法的选择两个模块,第二是对评价指标体系进行进一步划分,主要包括了指标的设计原则、初选等方面,同时,对于评价方法的选择也在对现有方法进行比较的基础上,挑选出适合本研究主体和对象的评价方法。另外,由于本研究的主题涉及政府,因此,主要可以从三个层面对评价模型进行数据分析,包括国家、区域和省域(如图4-1所示)。

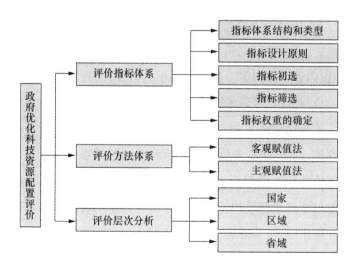

图4-1 政府优化科技资源配置评价体系

二、政府优化科技资源配置评价指标体系

为了能够准确地评价政府优化科技资源配置的效率,首先需要建立科学的评价指标体系,该评价指标体系需要能够反应评价系统的总体目标。如果从评价指标体系的制定过程去分析,那么可以将其构建分类为结构的选择、指标设计原则、初选、筛选和权重确定这样几个部分。对于评价指标体系而言,从不同的结构去划分将会得到不同的指标,从而对评价结果产生不同影响,因此,如何选择评价结构和形式对于评价的结果的科学性和准确性具有重要的影响。

在选择指标的过程中,首先需要对现有的评价指标进行总结与分析,得到与评价对象相关的一些指标;其次对这些初选的指标按照一定的标准进行进一步的筛选,将其中没有评级价值、相互之间存在类似的指标,以及难以获取数据的指标进行删除或者找其他的可以代替的指标;最后,对于各个指标的权重采用各种定性或者定量的方法进行确定。由此可见,设计评价指标体系整个过程是严谨而又科学的,不仅需要考虑到单个指标的科学性等方面,而且需要从指标之间的关系进行分析,最后才能形成完整的评价指标体系。

作为评价模型的基础,评价指标体系确定后需要运用相应的方法进行评价,因此,决定评价模型是否科学的关键在于确定评价指标体系。评价的准确性受到评价指标的选择能否反应评价目标,以及关键指标是否被选择等的影响。评价指标体系的构建主要包括了指标的设计原则、初选等方面。

(一)评价指标的设计原则

在设计政府优化科技资源配置评价指标时,主要需要参考以下原则,包括系统性原则、可比性原则、可操作性原则、导向性原则、目

第四章 政府优化科技资源配置评价体系分析

标性原则和独立性原则,具体可以表述为:

1. 系统性原则

评价政府优化科技资源配置必须用若干指标进行衡量,指标间要互相联系和互相制约,同一层次指标尽可能的界限分明,体现出较强的系统性。同时保证评价体系中的每一个指标都有明确的内涵和科学的解释,要考虑指标遴选、指标权重设置和计算方法的科学性。

2. 可比性原则

政府优化科技资源配置评价指标体系需要确保被选择的指标具有可比性,可比性是保证公正性的前提,符合可比性条件要求的指标是通过国家和社会权威机构、遵循严格程序和评选标准确定的人和事物,确保评价指标在理论上站得住脚,同时又能反映评价对象的客观实际情况。主要可以分为纵向和横向比较,纵向比较指的是同一评价对象在不同时期的比较,而横向比较指的是不同评价对象在同一时期的比较。可比性要求统计的口径是一致的,同时各个指标的内涵和外延必须保持一致。

3. 可操作原则

确保被选择的指标简单、实用、可重复验证。评价操作尽量简单方便,但保证数据易于获取,且不能失真。确保评价指标体系繁简适中,计算方法简单可行,在基本保证评价结果的客观性、全面性的前提下,指标体系尽可能简化,减少或去掉一些对结果影响甚微的指标。严格控制数据的准确性和可靠性,他人可以按照同样的程序复核评价结果。搜集的数据资源应当具有简便性和易于操作性。

4. 导向性原则

确保被选择的指标具有持续性、导向性功能。政府优化科技资源配置评价的目的不是单纯评出各个时期或者地区的名次及优劣,更重要的是,引导被评的地区能够比较客观地了解和把握本地区的科技资源配置的特色、优势、劣势,鼓励被评地区的政府能够更好地、有针对性地向正确的方向和目标发展,特别是向着社会和经济发展需要的方向和目标发展。

5. 目标性原则

各个评价指标需要能够体现整个评价过程的目标,需要能够体现政府在相关政策方面的指导性和激励性。科技资源配置主要包括了宏观、中观和微观层面,不同的层次具有不同的目标,因此,在选择相关的评价指标时也应当有所侧重。

6. 独立性原则

由于评价指标体系可以分为不同的层次,位于同一层次的评价指标之间应当相互独立,不能具有完全重复的含义,指标之间的关联性应当尽可能的小,避免相互包含的现象的出现。

(二) 评价指标初选

现有研究虽然已经具有一部分的研究结论,但是,并不是现有指标都非常重要,有部分指标与政府优化科技资源配置主题之间的关系并不紧密,部分指标之间存在内容重复、独立性较差的现象,另外有部分指标的可操作性较差,难以获取数据。因此,这一阶段的主要任务是从现有的评价指标体系中依据上一节的设计原则对评价指标进行初选,避免评价指标体系出现评价结果与实际现象之间不相符合的现象,使得评价工作变得没有意义。

现有研究针对政府科技资源配置效率的评价指标体系较多,主要包括政府科技资源投入和产出评价指标。管燕等(2011)认为江苏省科技资源配置投入指标包括:科技人员中R&D人员比重、科技拨款占财政支出比重;产出指标包括:各市高技术产品产值占全省高技术产品产值比重、高技术产品销售收入、新产品销售收入、利批准数。仵凤清(2011)认为北京市科技资源配置投入指标包括:科技单位、科

第四章 政府优化科技资源配置评价体系分析

技活动人员、科学家工程师、科技项目、政府筹集资金、科技活动经费内部支出、R&D经费内部支出、项目实际经费支出;产出指标包括:申请专利、拥有发明专利数、发表科技论文、出版科技著作、带动社会资金。李惠娟等(2010)认为江苏省科技资源配置的投入指标包括:全社会R&D活动人员占科技活动人员比重、企业R&D活动人员占企业职工比重、全社会R&D支出占GDP的比重、企业R&D经费占销售收入的比重、政府科技拨款占财政支出的比重;产出指标包括:高新技术产业产值占工业总产值比重、每十万人口专利授权数、资源综合利用指数。吴献金等(2010)认为泛珠三角区域科技资源配置的投入指标包括:科技人员全时当量、科技经费内部支出、R&D经费内部支出;产出指标包括:专利授权数量、在SCI/EI/ISTP论文发表数量、技术市场成交合同金额、高新技术产品出口额。陈慧等(2010)认为吉林省科技资源配置投入指标包括:从事科技活动人员数、R&D人员全时当量、R&D经费内部支出总额、R&D经费支出占GDP总值比重;产出指标包括:(中/外)科技论文数、专利授权数、技术市场成交合同金额数、高新技术产业化指标。

由此可见,针对各省的科技资源配置效率评价指标体系较多,但是针对国家层面的研究较少。同时,各研究中评价指标体系并不统一,对于评价指标体系的科学性也都没有进行检验。针对以上问题,可以结合2001年联合国教科文组织统计部门(The UNESCO Institute for Statistics)对1996—1997年世界科技状况的分析报告中不同国家科技资源配置效率评价中的投入与产出指标,初步构建我国政府科技资源配置效率的评价指标体系。

基于前文对科技资源配置系统的分析,可以从两个方面对政府优化科技资源配置评价指标进行构建,主要包括科技投入和科技产出两部分。对于科技投入部分,主要的重点关注部分是各种构成资源要素,包括科技人力、财力、物力、信息和组织资源,在这些科技资源要素中,核心资源要素是科技人力资源,整个科技活动中不可或缺的前提是科技财力资源,科技物力、信息和组织资源元素在以上两个方面都可以得到充分的体现。同时,经济增长理论也强调了人力和财力投资是促进经济和社会发展的主要资源要素,因此,在进行科技资源配置评价指标选择时,主要从科技人力和财力的角度进行分析。在科技资源产出分析方面,专利是诸多科技资源产出评价中使用的指标,同时,包括新产品、论文的发表以及高技术产业增加值等也是使用得较多的指标。2001年联合国教科文组织统计部门对1996—1997年世界科技状况分析报告中的投入与产出指标(S&T input and output)选取了20世纪90年代世界各国的主要科技资源统计指标,分别为:

1. *科技资源投入指标*

(1)科技经费支出占GDP的比重(%),该指标反映国家科技财力投入的相对强度;

(2)万人口科技活动人员,该指标反映科技人力投入的相对强度;

(3)科技活动人员(人),该指标则反映科技人力投入的总量;

(4)技术开发机构数(个);

(5)科技经费支出额(亿元),该指标是评价科技投入、科技活动规模和强度的常用指标;

(6)高层次科技人才数(人),该指标是科技人力投入质量的反映。

2. *科技资源产出指标*

(1)拥有发明专利数(项),它不仅是科技投入的产出,也从某个角度反映了自主创新的能力;

(2)新产品出口销售收入(亿元),主要反映了新产品的竞争能力;

(3) 高技术产业增加值(亿元);

(4) 国内中文期刊科技论文数(篇)。

(三) 评价指标筛选

评价指标的初选主要是依据一定的主观原则对现有的指标进行分析,但是没有经过科学的方法检验,可能会出现指标之间的相关性过高、一些不重要的指标被选择的可能性,因此,需要采用各种方法来对初选出来的评价指标进行进一步的筛选。现有研究认为主要可以包括三个方面的筛选:第一是指标之间的相关性的筛选,通过对评价指标之间的相关性进行分析,然后得到各个指标之间是否具有独立性;第二是指标关联性的分析,主要对已选择的评价指标与评价对象之间的相关性进行分析,以满足指标设计中的目标性原则;第三是对指标的区分度进行分析,通过对指标的变异系数的分析来对各个评价指标之间的区分度进行检验。

1. 评价指标相关性的分析

可以采用相关系数法来对评价指标之间的相关性进行分析,一般而言,两个评价指标之间的相关系数越接近于1,那么,这两个评价指标之间的相关性越强,可能存在的重复信息也就越多。某些情况下,简单相关系数可能不能够真实地反映出指标之间的相关性,因为评价指标之间的关系很复杂,它们可能受到不止一个变量的影响。这种情况下,两个评价指标之间的相关系数可能是受到了其他评价指标影响的变异相关系数,而不是两个评价指标之间的直接相关系数。因此,需要在考虑其他评价指标不变的情况下,即不考虑其他评价指标的影响的情况下分析两个评价指标之间的相关关系。这个时候偏相关系数便是一个更好的选择。偏相关系数是在排除了其他评价指标的影响下计算评价指标间的相关系数。假设我们需要计算 X 和 Y 之间的相关性,Z 代表其他所有的评价指标,X 和 Y 的偏相关系数可以认为是 X 和 Z 线性回归得到的残差与 Y 和 Z 线性回归得到的残差之间的简单相关系数。

依据固定的评价指标的多少,可以将偏相关系数分为零阶偏相关系数,一直到 $(k-1)$ 阶偏相关系数等。如果从公式上去分析的话,固定变量的数目越多,所使用的公式越复杂,例如,$r_{12,3}$ 可以称为一阶偏相关系数。假如在某个评价指标体系中存在 3 个评价指标,这三个评价指标可以分别看作 1、2 和 3,那么,指标 1 和 2 的一阶偏相关系数可以写作:

$$r_{12,3} = \frac{r_{12} - r_{13}r_{23}}{\sqrt{1-r_{13}^2}\sqrt{1-r_{23}^2}}$$

假如整个评价指标体系包含了 k 个指标,那么任意两个指标,即指标 1 和指标 k 之间的 $(k-1)$ 阶偏相关系数的计算公式可以写作:

$$r_{1i,12\cdots(i-1)(i+1)k} = \frac{r_{1i,12\cdots(i-1)(i+1)\cdots(k-1)} - r_{1k,12\cdots(k-1)}r_{ik,12\cdots(i-1)(i+1)\cdots(k-1)}}{\sqrt{1-r_{1k,12\cdots(k-1)}^2}\sqrt{1-r_{ik,12\cdots(i-1)(i+1)\cdots(k-1)}^2}}$$

2. 评价指标关联性的分析

评价指标的关联性主要指的是各个评价指标与待评价的对象之间存在怎样的关联性,通过这个检验可以判断评价指标是否应当被删除。对于部分评价指标如果未经分析就采用,那么会对评价结果的科学性产生不利的影响。因此,需要对初选后的指标进行关联性的检验,以发现其是否与评价对象相关。对于定性指标而言,一般采取的是隶属度分析方法,而对于定量指标的分析,一般采用的是灰色关联度的方法进行分析。由于本研究中所涉及的指标是定量指标,因此,可以采用灰色关联度方法进行分析。

灰色关联分析是由灰色系统理论提出的,其目的在于通过一定的方法来发现各个因素之间的相关数值关系,采用简单的语言可以描述为:如果在系统的发展过程中,两个因素变化的趋势是相同的,也就是同步变化的可能性比较大,那么可以认为这两个因素之间的关联性较大;如果同步变化的可性能比较小,那么可以认为这两个因

第四章　政府优化科技资源配置评价体系分析

素之间的关联性较小。由此可见,灰色关联分析为系统发展的态势提供了一个数量上的分析,对于动态的发展系统具有较大的借鉴意义。灰色关联度主要包括了局部性和整体性两大类灰色关联度。这两者的区别主要在于,局部性灰色关联度存在一定的参考序列,而整体性灰色关联度中任何一个序列都可以看作是参考序列。关联度分析是基于灰色系统的灰色过程,进行因素间时间序列的比较来确定哪些是影响大的主导因素,这是一种动态过程的研究。灰色关联度方法的分析过程主要包括以下几个方面:

第一是建立相关的因变量参考数列(又可以称为母序列)和自变量比较数列(又可以称为子序列),前者可以记作 $X_0^{(k)}:X_0^{(k)} = [X_0^{(1)}, X_0^{(2)}, \cdots, X_0^{(k)}]$,后者可以记作 $X_i^{(k)}:X_i^{(k)} = [X_i^{(1)}, X_i^{(2)}, \cdots, X_i^{(k)}]$,$(i = 1, 2, \cdots, n)$。

第二是为了便于进行比较分析,需要对各个数量级不同的影响进行消除,这就需要对原始的序列进行无量纲化处理。目前的无量纲化处理的方法主要由初始化法或者均值化法,用公式可以表示为:$x_i^{(k')} = x_i^{(k)} / x_i^{(1)}$ 或 $x_i^{(k')} = x_i^{(k)} / \overline{X_i}$。

第三是对各个时点的因变量参考数列和自变量比较数列进行取绝对值,并计算这些序列的差序列,然后取最大和最小差,可以用公式表示为 $\Delta_i(k) = |x_0^{(k')} - x_i^{(k')}|$,那么差序列可以表示为 $\Delta_i = (\Delta_i(1), \Delta_i(2), \cdots, \Delta_i(k))$,从差序列可以计算得到其最小差为 $\Delta_{\min} = \min_k \min_i \Delta_i(k)(i = 1, 2, \cdots, n)$,而最大差可以表示为 $\Delta_{\max} = \max_k \max_i \Delta_i(k)(i = 1, 2, \cdots, n)$。

第四是利用公式来计算灰色关联系数,可以表示为 $L_{0i}^{(k)} = \dfrac{\Delta_{\min} + \lambda \Delta_{\max}}{\Delta_i(k) + \lambda \Delta_{\max}}$,$X_i^{(k)}$ 对 $X_0^{(k)}$ 的影响程度用 $L_{0i}^{(k)}$ 表示,$L_{0i}^{(k)}$ 表示了 X_i 与 X_0 在 k 处的点关联度。分辨系数用变量 λ 表示,其取值一般大于 0 而小于 1,如果没有特殊的说明,一般可以令 $\lambda = 0.5$。

第五是计算总的灰色关联度 R_{0k},由于在计算总的灰色关联度时会考虑不同的观测点,因此,需要对不同的观测点在总体观测中的重要程度进行分析,也就是需要对各个观测点的权重进行确定。一般情况下,可以采用算数平均法来计算,可以表示为:

$$R_{0k} = \frac{1}{n}\sum_{i=1}^{n} L_{0i}^{(k)}$$

最后是对计算的灰色关联度进行排序,按照 R_{0k} 的大小进行排序。R_{0k} 的值与关联程度呈正相关关系,一般而言,当关联度大于 0.6 时,可以认为两个因素之间的关联性较大。

3. 评价指标区分度的分析

可以通过变异系数来确定评价指标的区分度,也即指标对信息的分辨能力。变异系数又称"标准差率",是衡量资料中各观测值变异程度的另一个统计量。当进行两个或多个资料变异程度的比较时,如果度量单位与平均数相同,可以直接利用标准差来比较。如果单位和(或)平均数不同时,比较其变异程度就不能采用标准差,而需采用标准差与平均数的比值(相对值)来比较。标准差与平均数的比值称为变异系数,记为 C.V。变异系数可以消除单位和(或)平均数不同对两个或多个资料变异程度比较的影响。标准变异系数是一组数据的变异指标与其平均指标之比,它是一个相对变异指标。在应用变异系数法时,一般可以事先设定一个临界值来加强对评价指标的筛选,如果得到的变异系数小于该临界值,那么表明该评价指标对信息的分辨能力较差,在整个评价指标体系中所起到的作用也不大,但是如果得到的变异系数大于该临界值,那么表明该评价指标对信息的分辨能力较强,在整个评价指标体系中所起到的作用较大,因此,应当予以保留。

假设某个评价指标 A 所对应的观测值分别为 $a_1, a_2, \cdots, a_n$,那么其变异系数可以表示为:

$$v_A = \frac{s_A}{|\bar{a}|}$$

上式中 s_A 表示的是标准差，$s_A = \left(\frac{1}{n-1}\sum_{i=1}^{n}(a_i - \bar{a})^2\right)^{\frac{1}{2}}$，$\bar{a}$ 表示的是观测值的平均数 $\bar{a} = \frac{1}{n}\sum_{i=1}^{n}a_i$。

三、政府优化科技资源配置评价方法体系

运用多个指标对多个参评单位进行评价的方法，称为多变量综合评价方法，或简称综合评价方法。其基本思想是将多个指标转化为一个能够反映综合情况的指标来进行评价。综合评价法的特点表现为：(1) 评价过程不是逐个指标顺次完成的，而是通过一些特殊方法将多个指标的评价同时完成的；(2) 在综合评价过程中，一般要根据指标的重要性进行加权处理；(3) 评价结果不再是具有具体含义的统计指标，而是以指数或分值表示参评单位"综合状况"的排序。现有的评价方法依据对评价指标权重赋值的方法不同主要包括了主观方法和客观方法两种，主观方法主要是采用专家打分的方法进行评价，主要包括了层次分析法、德尔菲法以及模糊综合评价方法等，这种方法容易受到人为因素的影响，在某些指标方面可能会依据个人的偏好来进行权重的赋予，使得最终的评价结果与现实具有较大的偏差。客观方法主要是采用指标之间的相关性和变异程度来确定权重，从而能够避免主观方法所带来的人为因素的影响，主要包括了主成分分析法、DEA法等，至于在实际评价过程中采用哪种评价方法，则需要结合评价的目的和特征来进行分析。本项目从各种方法的优缺点方面对几种常见的评价方法进行了比较分析（见表4-1）。

表 4-1 评价方法介绍

	方法名	方法简介	方法优缺点
主观赋值法	德尔菲法	以匿名方式反复多次征询专家意见	简便易行；但需要选择合适的专家
	层次分析法	把复杂问题分解为递阶层次结构的因素，通过两两比较确定指标权重，最后通过排序结果对问题进行分析决策	避免大量指标同时赋权的混乱和失误；但判断矩阵的处理较为粗糙，人的主观判断在其中产生较大影响
	模糊综合评价法	用模糊数学对受到多种因素制约的事物或对象做出一个总体的评价	能全面考虑所有的评价因素，特别是当评价指标体系既有定量指标，又有定性指标，各指标之间还有层次关系的时候
客观赋值法	主成分分析法	通过数学坐标旋转进行降维重新组合成一组彼此独立的主成分指标，同时根据一定原则和实际需要，从中抽取较少的几个主成分指标，来反映原来指标所携带的较高比例的信息量	利用降维技术用少数几个综合变量来代替原始多个变量，但是当主成分的因子负荷的符号有正有负时，综合评价函数意义就不明确；命名清晰性低；同时只是依据自变量来确定权重，并没有考虑因变量和自变量之间的关系
	DEA方法	按照多指标投入和多指标产出，对同类型单位进行有效性评价的一种新方法，其实质是根据一组关于输入输出的观察值，采用数学规划模型，来估计有效生产的前沿面，再将各 DMU 与此前沿比较，进而衡量效率	可消除评价指标间的相关关系，减少指标选择的工作量，比较适合于评价指标量多，而且指标间相互重叠、相互干扰的情形；各输入、输出向量对应权重是通过对效率值数进行优化决定的；不用确定输入输出之间的显示表达式；强调在被评价决策单元群体条件下的有效生产前沿分析，而不像传统模型那样，将有效的和非有效的混在一起分析

（一）模糊综合评价法

1. 模糊综合评价方法特点

模糊综合评价法是一种基于模糊数学的综合评价方法。该综合评价法根据模糊数学的隶属度理论把定性评价转化为定量评价，即用模糊数学对受到多种因素制约的事物或对象做出一个总体的评价。它具有结果清晰、系统性强的特点,能较好地解决模糊的、难以量化的问题,适合各种非确定性问题的解决。模糊集合理论(fuzzy sets)的概念于1965年由美国自动控制专家查德(L. A. Zadeh)教授提出,用以表达事物的不确定性。

2. 模糊综合评价方法的应用

首先建立从指标 X_{ij} 到评语集 V 的模糊评价矩阵,请 n 位相关部门高管人员对 X_{ij} 中的所有指标(即最底层的指标)进行风险评价。构建专家评价 X_{ij} 的风险评价矩阵,模糊评价矩阵即为:

$$R_{ij} = \begin{bmatrix} r_{11} & \cdots & r_{1m} \\ \cdots & \cdots & \cdots \\ r_{n1} & \cdots & r_{nm} \end{bmatrix}$$

其中,$r_{ij}(i = 1,2,\cdots,m;j = 1,2,\cdots,n)$ 表示子因素层指标对于第 j 级评语 V_j 的隶属度,r_{ij} 的取值方法为:对各位专家的评分结果进行统计整理,即:

$$f_{ij} = \begin{cases} 1 & \text{第 } k \text{ 为专家认为第 } i \text{ 项指标处于 } V_j \text{ 风险等级} \\ 0 & \text{否} \end{cases}$$

有 $r_{ij} = (\sum_{j=1}^{n} f_{ijk})/n$,其含义为在 n 个相关部门高管人员中认为第 i 项指标处于 V_j 风险等级的频数,亦即第 i 项指标处于 V_j 风险等级的概率。

其次,对模糊矩阵进行运算。先对各次子因素指标 X_{kij} 的评价矩阵 R_{ki} 作模糊矩阵运算,得到子因素层指标 X_{ki} 对于评语集 V 的隶属向量 B_{ki}:

$$B_{ki} = A_{ki} \cdot R_{ki} = (b_{ij1}, b_{ij2}, \cdots, b_{ijn})$$

再对各子因素层指标 X_{ki} 的评价矩阵 R_k 作模糊矩阵运算,得到子因素层指标 X_k 对于评语集 V 的隶属向量 R_k:

$$R_k = \begin{bmatrix} B_{i1} \\ \cdots \\ B_{ij} \end{bmatrix} = \begin{bmatrix} b_{i11} & \cdots & b_{i15} \\ & \cdots & \\ b_{ij1} & \cdots & b_{ij5} \end{bmatrix}$$

即有 $B_k = A_k \cdot R_k = (b_{k1}, b_{k2}, \cdots, b_{kn})$。

然后再对 R 进行模糊矩阵运算，即得到目标层指标 X 对于评语集 V 的隶属向量 $B = (b_1, b_2, \cdots, b_5)$，然后再作归一化处理 $\overline{B}$，即得总的评价结果。此时可以用 $(\overline{b_1}, \overline{b_2}, \cdots, \overline{b_5})$ 分别表示处于各风险等级的可能性。

（二）主成分分析法

1. 主成分分析方法特点

主成分分析方法主要的思想在于降维，其主要目的在于将多个指标降维为少数的几个指标，有利于更加简便地分析问题。一般的研究中，为了能够更加详细地分析问题，往往会考虑多个方面的因素，这些因素一般可以被称为指标，对于所研究的问题而言，每一个指标都能够反映问题本身的一些信息，并且指标之间具有一定的相关性，由于不同的指标所反映的信息不同，因此，指标之间在信息的反映上可能会存在一定的重叠性。在研究多变量的问题时，由于变量过多可能会导致计算量和分析问题的复杂性增加，不利于研究人员的分析和理解。因而在具体的研究中，往往希望涉及的变量尽可能的少，而所包含的信息量需要尽可能地多。主成分分析方法作为一种定量的数学转换方法，它将所给定的一组相关变量或者指标转换为一组相互独立的变量，并且将这些变量或者指标采用方差递减的顺序进行排列。在变量总方差不变的前提下使得第一变量具有最大的方差，第二变量的方差次大，依此类推，第一变量被称为第一主成分，第二变量被称为第二主成分，依此类推。

2. 主成分分析方法应用

利用主成分分析方法进行评价的步骤主要包括：

第四章 政府优化科技资源配置评价体系分析

第一步将 $x_{ij}(i=1,2,\cdots,n;j=1,2,\cdots,m)$ 定义为第 i 个指标第 j 个评价对象的原始数据,然后可以采用 $z_{ij}=\dfrac{x_{ij}-\overline{x_i}}{s_i}$ 对原始数据进行标准化处理,其中 $\overline{x_i}$ 和 s_i 分别表示第 i 个指标的样本均值和标准差。

对原始数据进行标准化处理后,矩阵 $[x_{ij}]$ 将会被转变为矩阵 $[z_{ij}]$。对于相关矩阵而言,它不受指标量纲的影响,而标准化后的指标的协方差矩阵又与相关系数矩阵式相等,因此,标准化后的主成分也不受量纲的影响。

第二步,采用标准化矩阵 $[z_{ij}]$ 来计算相关系数矩阵 $R=(r_{ij})_{n\times n}$,其中 r_{ij} 的计算公式可以表示为 $r_{ij}=\dfrac{s_{ij}}{\sqrt{s_{ii}}\sqrt{s_{jj}}}$,其中 $\sqrt{s_{ij}}=\dfrac{1}{n-1}\sum\limits_{k=1}^{n}(x_{ki}-\overline{x_i})(x_{kj}-\overline{x_j})$。

第三步,计算相关系数矩阵 R 的特征值和特征向量。由方程 $|R-\lambda I|=0$ 可以得到特征根 λ_i,如果将特征值从大到小进行排列,那么可以表示为 $\lambda_1\geq\lambda_2\geq\cdots\geq\lambda_n\geq 0$,不同的特征值对应的特征向量可以表示为 $a_1,a_2\cdots a_n$。

第四步,计算方差贡献率和累积贡献率。

方差贡献率的计算公式可以表示为 $e_i=\dfrac{\lambda_i}{\sum\limits_{i=1}^{n}\lambda_i}$,累积方差贡献率的计算公式可以表示为 $E_i=\dfrac{\sum\limits_{j=1}^{m}\lambda_j}{\sum\limits_{i=1}^{n}\lambda_i}$。

第五步,主成分的计算公式可以表示为 $y_i=\sum\limits_{j=1}^{m}\sum\limits_{i=1}^{n}a_{ij}z_{ij}$,然后可以依据累积方差贡献率来确定主成分。

3. 主成分分析方法优缺点

主成分分析方法的优点在于,首先它利用降维技术用少数几个综合变量来代替原始多个变量,这些综合变量集中了原始变量的大部分信息;其次它通过计算综合主成分函数得分,对客观经济现象进行科学评价;再次它在应用上侧重于信息贡献影响力综合评价。其缺点主要体现在,当主成分的因子负荷的符号有正有负时,综合评价函数意义就不明确;命名清晰性低;同时只是依据自变量来确定权重,并没有考虑因变量和自变量之间的关系。

(三) 数据包络分析方法

1. 数据包络分析方法特点

数据包络分析方法(DEA 方法)能够通过明确地考虑多种投入(即资源)的运用和多种产出(即服务)的产生,它能够用来比较提供相似服务的多个服务单位之间的效率。它避开了计算每项服务的标准成本,因为它可以把多种投入和多种产出转化为效率比率的分子和分母,而不需要转换成相同的货币单位。因此,用 DEA 方法衡量效率可以清晰地说明投入和产出的组合,从而,它比一套经营比率或利润指标更具有综合性并且更值得信赖。

DEA 方法是一个线形规划模型,表示为产出对投入的比率。通过对一个特定单位的效率和一组提供相同服务的类似单位的绩效的比较,它试图使服务单位的效率最大化。在这个过程中,获得 100%效率的一些单位被称为相对有效率单位,而另外的效率评分低于100%的单位被称为无效率单位。这样就能运用 DEA 方法来比较一组服务单位,识别相对无效率单位,衡量无效率的严重性,并通过对无效率和有效率单位的比较,发现降低无效率的方法。

2. 数据包络分析方法应用

1978 年运筹学家查尔斯(A. Charnes),库珀(W. W. Cooper)和罗兹(E. Rhodes)提出了数据包络分析方法,该方法被应用于对部门之间的相对有效性进行评价。CCR 模型是他们所提出的第一个模型。

从生产的角度去考虑的话,CCR 模型能够被用来分析多个投入和多个产出的问题,并且可以被用于分析这些部门是否规模有效或者技术有效。在他们研究的基础上,后来的学者在模型上提出了新的见解,主要包括 1984 年班克(R. D. Banker)、查尔斯(A. Charnes)和库珀(W. W. Cooper)提出一个新的模型,称为 BCC 模型。1985 年查尔斯、库珀和戈拉尼(B. Golany)、西福德(L. Seiford)、施图茨(J. Stutz)提出了另一个模型,称为 CCGSS 模型。以上两个模型都是用来分析技术有效性的。1986 年查尔斯,库珀和魏权龄利用了半无限规划理论提出可用于研究无穷多个决策单元的 CCW 模型。1987 年查尔斯、库珀、魏权龄和黄志民又分析了过多的输入及输出情况下的 DEA 模型,采用了锥的选取来体现决策者的"偏好",这样得到了 CCWH 模型,该模型能够将由 CCR 模型中得到的 DEA 有效单元再次进行排队。由此可见,DEA 模型在不断被创新,但是 DEA 模型中最基本的模型是 C^2R 模型。下面主要介绍一下如何构建 C^2R 模型。

假设有 n 个决策单元,分别可以表示为 $DMU_j(j = 1,2\cdots,n)$,假设这 n 个决策单元都有 m 种输入和 s 种输出,其中,可以用 $x_j = (x_{1j},x_{2j}\cdots x_{mj})^T > 0, y_j = (y_{1j},y_{2j}\cdots y_{mj})^T > 0, j = 1,2\cdots n$ 来表示输入向量和输出向量。其中,决策单元 DMU_j 的第 i 种输入和第 r 种输出用 $x_{ij},y_{rj}(i = 1,2\cdots m;r = 1,2\cdots s)$ 表示,可以通过样本数据得到输入量和输出量,如果采用 C^2R 模型对第 $j_0(1 \leqslant j \leqslant n)$ 个决策单元进行评价,那么可以得到:

$$\begin{cases} \min\theta \\ s.t. \sum_{j=1}^{n} x_j\lambda_j \leqslant \theta x_0, \sum_{j=1}^{n} y_j\lambda_j \geqslant y_0 \\ \lambda_j \geqslant 0, j = 1,2\cdots n \end{cases}$$

其中 θ ($0 \leqslant \theta \leqslant 1$) 表示的是第 j_0 个决策单元的效率值。当 $\theta^* = 1$ 时说明该决策单元位于有效生产前沿面上,因此是技术有效的。

C^2R 模型的基础假设是规模报酬不变,因此,该模型混淆了技术和规模效率。为了能够更加准确地判断规模无效的决策单元到底是位于规模报酬递增还是递减区域,可以采用以下的 DEA 模型进行分析:

$$\begin{cases} \min \sigma \\ s.t. \sum_{j=1}^{n} x_j \lambda_j \leq \sigma x_0, \sum_{j=1}^{n} y_j \lambda_j \geq y_0 \\ \sum_{j=1}^{n} \lambda_j = 1, \lambda_j \geq 0, j = 1, 2 \ldots n \end{cases}$$

$$\begin{cases} \min \rho \\ s.t. \sum_{j=1}^{n} x_j \lambda_j \leq \rho x_0, \sum_{j=1}^{n} y_j \lambda_j \geq y_0 \\ \sum_{j=1}^{n} \lambda_j = 1, \lambda_j \geq 0, j = 1, 2 \ldots n \end{cases}$$

可以通过上面的两个式子计算出单纯的技术效率值,即 σ^*。由此可见,σ^* 表示的是假设规模报酬可变情况下决策单元与生产前沿面的距离,而规模效率考虑的是两种情况下的生产前沿面之间的距离,包括规模报酬不变和可变两种情况。由此可知:

$$SE = \frac{\theta^*}{\sigma^*}$$

所考虑的决策单元是规模有效的情况下会有规模效率 $SE = 1$,决策单元是规模报酬递增的情况下会有 $SE < 1$,并且 $\theta^* = \rho^*$,决策单元是规模报酬递减的情况下会有 $SE > 1$,并且 $\sigma^* = \rho^*$。

3. 数据包络分析方法优缺点

DEA 分析主要依据输入输出的观察值来分析有效生产前沿面。而在一般的估计有效生产前沿面的方法中,往往会采用统计回归或者其他的统计方法,这些统计方法在估计生产函数时,往往并没有体现实际的生产前沿面,所得到的各种函数的解释力也是非常有限的,其主要原因在于,并没有将有效的和非有效的决策单元进行严格的区分。除了 DEA 方法外,在有效性的评价方法方面还有其他的一些分析方法,但是与 EDA 方法相比较而言,它们在多输入多输出方面仍然存在一定的劣势,EDA 方法不仅可以用线性规划方法来解决决策单元所对应的各个点与有效生产前沿面的距离,而且可以得到有效的管理信息。因此,EDA 方法在应用方面更具有广泛性,而且在统计的精确性方面也比其他统计方法更高。但是 DEA 方法受到异常值的影响较大,对于统计数据中所出现的误差方面难以进行有效的处理,因此,如果收集的数据存在质量问题,那么数据包络曲线上的最优的点会不稳定,所得到的结果也会不稳定。

第五章　政府优化科技资源配置评价体系应用分析

上一章已经对政府优化科技资源配置评价体系构建的步骤进行了分析,其中提到主要可以从国家、区域和省域三个层面对该评价指标体系进行分析。因此,本章主要收集国家、区域和省域三个层面的数据来对评价指标体系进行应用分析。其基本流程为,首先是对政府优化科技资源配置评价体系进行选择,在选择后对评价指标进行了筛选,主要包括指标相关性、关联系和区分度的分析。其次是对选择的评价指标体系进行检验,然后选择合适的评价方法进行分析,由于研究的目的不仅是为了分析投入产出效率,而且还需要分析影响投入产出效率的主要因素,因此,在评价方法选择中还加入了弹性分析方法进行分析。最后是对三个层面,包括国家、区域和省域数据进行分析。由于受到数据的可得性方面的限制,在数据处理方面所使用的数据的年份会存在一定程度的不同。

一、政府优化科技资源配置评价指标的选择

我国政府科技资源配置效率是通过评价指标进行度量的,要使这种度量可以准确、客观、全面地反映科技资源的实际状况,在选择评价指标时要遵守以下几项基本原则:系统性原则、有效性原则、可操作性原则。系统性原则是指所建立的评价指标体系能够涵盖所要反映的科技资源配置的基本特征和整体状态;有效性原则是指所建立的评价指标体系要符合进行评价对象的结构与状况,能合理地反

映科技资源配置的结构特征;可操作性原则是指评价指标体系的设计在遵循系统性原则的基础上,要保证数据资料的可获得和可量化,并且评价指标应尽可能简化,不宜过多。但是,上一章所提出的指标与我国统计部门公布的统计指标并不是完全一致,部分指标数据可能无法获取,另外,部分指标可能只能寻找最为接近的指标代替,因此,依据选择评价指标所要遵循的可操作性原则,结合现有理论研究结论分析,通过查阅我国的相关统计年鉴,可对以上指标进行如下筛选:

1. 科技投入指标(Input Indicators)

(1)科技经费支出占GDP的比重($X1$)。通过查阅各年的中国科技统计年鉴可得到1995—2009年的数据,通过查阅中国统计年鉴可得到1992、1993和1994这三年的数据。

(2)万人口科技活动人员($X2$)。通过查阅各年的中国科技统计年鉴,采用计算方法"科技活动人员/全国人口(万人)",可得到1992—2008年的数据,但是2010年不再统计科技活动人员,因此,2009年的数据不可获取。可以通过指数平滑法首先预测出2009年的科技活动人员的数据,然后再经过计算公式可得到2009年的数据。

(3)科技活动人员($X3$)。通过查阅2009年中国科技统计年鉴可得到1992—2008年的数据,但是2010年不再统计科技活动人员,因此,2009年的数据不可获取,但是可以通过指数平滑法预测出2009年的数据。

(4)技术开发机构数。通过查阅中国科技统计年鉴和中国统计年鉴,发现与之最为对应的指标是中国统计年鉴中的指标"科技机构数",但是只能获取1992—2000的数据。

(5)科技经费支出额($X4$)。通过查阅中国科技统计年鉴和中国统计年鉴,发现与之最为对应的指标是"R&D经费内部支出",可获得

1992—2009 的数据。

（6）高层次科技人才数（X5）。通过查阅中国科技统计年鉴2009,发现与之最为对应的指标是"科学家和工程师"。可获得1992—2008 年的数据,但是,2010 科技统计年鉴不再统计该指标,因此,2009 年数据不可获取,但是可以通过指数平滑法预测出 2009 年的数据。

2. 科技产出指标（Output Indicators）

（1）拥有发明专利数（Y1）。查阅中国科技统计年鉴可获得1993—2009 年数据。

（2）新产品出口销售收入（Y2）。查阅中国科技统计年鉴可获得1996—2009 年数据。

（3）高技术产业增加值（Y3）。通过查阅 2007 年、2008 年高技术产业统计年鉴可得到 1995—2008 年的数据,2009 年和 2010 年的高技术产业统计年鉴不再统计该指标数据,但是 2008 年的数据可以通过官方公布数据——认为 2008 年高技术产业增加值占全部工业增加值的 10.2% 计算得到。对于 2009 年的数据可通过国家发改委网站公布数据获取。

（4）国内中文期刊科技论文数（Y4）。通过查阅中国科技统计年鉴可得到 1998—2008 年的数据,2010 年中国科技统计年鉴统计数据为 2008 年数据,因此,2009 年数据不可获取,但是可以通过指数平滑法预测出 2009 年的数据。

综合以上数据的可获取性,只能选择 1998—2009 年的数据作为原始数据输入,分析我国政府科技资源配置效率评价指标体系。因此,本文共选取两方面九项指标构建我国政府科技资源配置效率评价指标体系。具体指标详见图 5-1。

第五章　政府优化科技资源配置评价体系应用分析

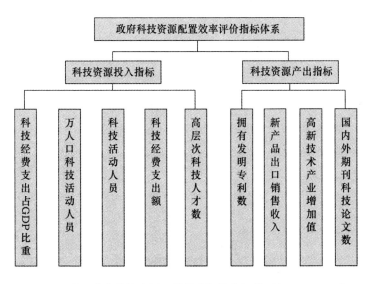

图 5-1　我国政府科技资源配置效率评价指标体系（1998—2009）

我们着重分析以下三个方面：

（1）指标关联度分析

利用灰色关联法进行指标体系的关联度分析，以剔除与科技投入和产出关联不大的指标。考虑到科技经费支出额和拥有发明专利数是反映科技投入和产出最直接的指标，因此我们选定该指标作为参考序列，其余指标组成比较序列，取分辨系数 $\lambda = 0.5$，应用 DPS 软件计算得到的关联度结果表明，根据经验当 $\lambda = 0.5$ 时，如果两因素之间的关联度大于 0.6，则认为其关联性显著。结果表明，除"技术开发机构数"与科技经费支出额关联度小于 0.6 外，其余各个指标与科技经费支出额和拥有发明专利数的关联度均大于 0.6，因此，删除技术开发机构数指标，保留其余指标。

（2）指标信息重复程度分析

选用偏相关系数来衡量各指标间的相关程度。应用 SPSS 软件计算得到偏相关系数，给定临界值为 0.9，则没有评价指标的相关系数大于该临界值。因此，各个指标之间具有显著的差异。

(3) 指标分辨信息能力分析

利用变异系数对其余指标的信息分辨能力进行衡量。变异系数的计算可以通过 EXCEL 实现,结果表明,相比较而言,各个指标的变异系数相对较大,因此其分辨能力也较大,对指标的解释力较大,所以均可以保留。

3. 评价指标筛选结果

在三轮指标筛选之后,保留了 9 个指标,其中科技资源投入指标 5 个,科技资源产出指标 4 个,建立了城市科技投入绩效评价指标体系。

二、政府优化科技资源配置评价指标的检验

上一节从理论上构建了我国政府科技资源配置效率的评价指标体系,本节主要利用1998—2009 年的数据对该评价指标体系的科学性进行检验。首先对我国政府科技资源配置效率评价指标体系进行验证性因子分析,然后采用我国政府科技资源投入对产出的影响,以此来检验通过该评价指标体系分析得到的投入对产出的影响是否与现实相符。

因子分析(Factor Analysis)是通过研究众多变量直接的内部依赖关系,探求观测数据中的基本结构,并用少数几个假想的变量(因子)来表示基本的数据结构的方法。本研究采用因子分析的方法检验投入和产出评价中所包括的各个指标是否测量了同一个变量。

在进行因子分析时,首先要验证样本数据是否适合进行因子分析,通常根据 KMO 和 Bartlett 球形检验结果确定。凯泽(Kaiser)给出了 KMO 判断标准:0.9 以上非常适合;0.8 适合;0.7 一般;0.6 不太适合;0.5 以下不适合。Bartlett 球形检验用于检验相关矩阵是不是单位矩阵,通过其显著性水平来判断是否适合做因子分析。

第五章　政府优化科技资源配置评价体系应用分析

本研究对我国政府科技资源投入、产出评价指标分别做了因子分析,并且因子分析过程中将抽取的因子作为新变量输出,以便于下一节的回归分析。具体过程如下:

(一)我国政府科技资源投入评价指标的因子分析

从表 5-1 可以看到,KMO 检验值为 0.608,大于 0.5。Bartlett 球型检验的近似卡方值为 186.026,检验的显著性水平为 0.000,因此数据适合进行因子分析。

表 5-1　我国政府科技资源投入评价指标的 KMO 及 Bartlett 球形检验

KMO		.608
Bartlett 的球形度检验	近似卡方	186.026
	Sig.	.000

然后以主成分分析法抽取共同因素,结果如表 5-2 所示:

表 5-2　我国政府科技资源投入评价指标的主成分因素抽取

成分	初始特征值			提取平方和载入		
	合计	方差的 %	累积 %	合计	方差的 %	累积 %
1	4.869	97.372	97.372	4.869	97.372	97.372
2	.101	2.016	99.388			
3	.028	.558	99.946			
4	.003	.053	100.000			
5	8.551E-6	.000	100.000			

根据表 5-2 显示,共抽取 1 个共同因素,累计解释变异量为 97.372%。将各题项的共同度合并到表 5-3 中可得到各因子在主成分上的因子载荷,因子载荷分析表明,各个因子在主成分上的载荷最小为 0.967,表明 5 个投入评价指标测量的是同一个变量:投入。

表 5-3　我国政府科技资源投入评价指标的因子载荷

	成分
	1
X3	.995
X2	.992
X4	.991
X5	.988
X1	.967

（二）我国政府科技资源产出评价指标的因子分析

从表 5-4 可以看到，KMO 检验值为 0.702，大于 0.5。Bartlett 球型检验的近似卡方值为 91.087，检验的显著性水平为 0.000，因此数据适合进行因子分析。

表 5-4　我国政府科技资源产出评价指标的 KMO 及 Bartlett 球形检验

	KMO		.702
Bartlett 的球形度检验		近似卡方	91.087
		Sig.	.000

然后以主成分分析法抽取共同因素，结果如表 5-5 所示：

表 5-5　我国政府科技资源产出评价指标的主成分因素抽取

成分	初始特征值			提取平方和载入		
	合计	方差的 %	累积 %	合计	方差的 %	累积 %
1	4.885	97.117	97.117	4.885	97.117	97.117
2	.177	1.936	99.054			
3	.035	.867	99.920			
4	.003	.080	100.000			

根据表 5-5 显示，共抽取 1 个共同因素，累计解释变异量为 97.117%。将各题项的共同度合并到表 5-6 中可得到各因子在主成

分上的因子载荷,因子载荷分析表明,各个因子在主成分上的载荷最小为0.973,表明4个产出评价指标测量的是同一个变量:产出。

表5-6　我国政府科技资源产出评价指标的因子载荷

	成分
	1
Y3	.998
Y4	.990
Y2	.981
Y1	.973

由此可见,本研究在现有研究基础上构建了我国政府科技资源配置效率的评价指标体系,并基于我国1998—2009年的相关指标数据对该评价指标体系进行了检验。研究结果表明,我国政府科技资源投入评价指标包括:科技经费支出占GDP的比重、万人口科技活动人员、科技活动人员、科技经费支出额和高层次科技人才数;我国政府科技资源产出评价指标包括:拥有发明专利数、新产品出口销售收入、高技术产业增加值和国内中文期刊科技论文数。

三、政府优化科技资源配置评价方法的比较与选择

对于政府优化科技资源配置评价而言,主要是对其配置效率进行分析,但是为了了解投入和产出因素中对配置效率具有更加重要影响的因素,需要增加影响配置效率变化的因素分析这一方面。对于配置效率的评价,主要是科技资源的投入产出比,但是在进行配置效率评价过程中,不仅需要了解配置效率的大小,而且需要各个投入和产出对配置效率的影响程度,以便于找到提高配置效率的路径和方法,为决策者提供科学的科技资源配置的依据。因此,对于科技资

源投入产出的弹性分析可以作为政府优化科技资源配置评价中的一个重要部分。本节主要介绍科技资源优化配置效率的评价以及投入产出弹性分析两个方面的方法及模型。

(一) 弹性分析方法的选取及模型的构建

对于本研究中的科技资源配置中的投入产出而言,涉及多个投入和产出,而一般的弹性分析方法主要针对的是多投入单产出,典型相关分析(Canonical Correlation Analysis)就是利用综合变量之间的相关关系来反映两组指标之间的整体相关性的多元统计分析方法。因此,本研究主要采用典型相关分析方法来对投入产出进行弹性分析。

1. 典型相关分析方法基本原理

典型相关分析方法是为了从总体上分析两组指标之间的关系,而分别从两组指标中得到由这两组指标的线性组合而得到的两个综合变量 U1 和 V1,然后可以利用这两个综合变量之间的相关关系得到原来的两组指标的关系。

典型相关分析方法是由霍特林(Hotelling)在《生物统计》(1936)上发表的论文《两组变式之间的关系》而来,经过多年的发展,在20世纪70年代逐渐完善。在典型相关分析中会涉及大量的矩阵计算,因此,这种方法在早期的应用中遇到了较大的问题,但是在当代,计算机和软件技术的快速发展使得典型相关分析能够被广泛地应用,各种软件使得典型相关分析方法不再受到矩阵计算的限制,逐渐走向了普及化。

2. 典型相关模型的提出

可以依据 Cobb-Douglas 生产函数来得到一个多投入产出的生产函数模型:

$$y_1^{m_1}\cdots y_s^{m_s} = x_1^{l_1}\cdots x_t^{l_t}e^{\varepsilon} \tag{5-1}$$

第五章 政府优化科技资源配置评价体系应用分析

其中，e^ε 为随机误差项。

对式(5-1)所表示的生产函数取对数可得到：

$$\sum_{i=1}^{s} m_i \ln y_i = \sum_{j=1}^{t} l_j \ln x_j + \varepsilon \qquad (5\text{-}2)$$

对于以上模型可以采用典型相关分析技术估计分析，结果可以得到投入和产出的线性组合：

$$U = l_1 \ln x_1 + \cdots + l_t \ln x_t = \sum_{j=1}^{t} l_j \ln x_j$$
$$V = m_1 \ln y_1 + \cdots + m_s \ln y_s = \sum_{i=1}^{s} m_i \ln y_i \qquad (5\text{-}3)$$

其中，$l = (l_1, \cdots, l_t)$，$m = (m_1, \cdots, m_s)$

可以依据典型相关分析方法原理取 $\rho^* = \max_{l,m} corr(U, V)$ (5-4)

通过估算 $l^* = (l_1^*, \cdots, l_t^*)$ 和 $m^* = (m_1^*, \cdots, m_s^*)$，从而得到 $V = \rho^* U$ (5-5)

最终将将式(5-3)和式(5-4)代入(5-5)式便可以得到(5-2)式的估算式(5-6)：

$$\sum_{i=1}^{s} m_i^* \ln y_i = \sum_{j=1}^{t} \rho^* l_j^* \ln x_j \qquad (5\text{-}6)$$

那么投入 j 与产出 i 之间的边际产出弹性可以表示为：

$$ME(y_i, x_j) = \frac{\partial \ln y_i}{\partial \ln x_j} = \frac{\rho^* l_j^*}{m_i^*} \qquad (5\text{-}7)$$

（二）效率评价方法的选取及模型的构建

对于政府优化科技资源配置的评价而言，由于配置效率能够对科技资源的利用效果进行准确的反应，因此，配置效率的评价可以作为政府优化科技资源配置评价的主要部分。本研究对于政府优化科技资源配置的评价的核心部分，便是对政府优化科技资源配置效率的评价。

1. 效率评价方法的选择

现有研究多采用前沿分析方法对效率进行评价,其核心思想是首先建立一个生产前沿面,然后计算各个决策单元与该生产前沿面的距离,其距离可以作为该决策单元的前沿效率。需要注意的是,前沿效率可以看作是相对效率,而不是绝对效率,如果采用不同的样本和不同的计算方法,那么得到的结果可能也不同。DEA 方法作为一种较为成熟的前沿分析方法,结合本研究的需要,主要采用该方法进行分析。需要注意的是,研究中不仅需要采用普通的 C^2R 模型,而且为了能够对由 C^2R 模型所得到的效率最优的决策单元之间再次进行比较,所以会采用超效率模型 C^2R 模型,另外,为了能够对面板数据进行处理,研究中还引入了 Malmquist 指数来进行分析。

2. 基于 DEA 方法的政府优化科技资源配置效率测度模型的构建

依据前文的介绍,DEA 方法能够处理多投入和多产出的效率评价,已经成为理论界应用得较多的效率评价方法。

(1) C^2R 模型

C^2R 模型是最早被提出的 DEA 模型,其最终结果是得到规模报酬不变和规模报酬可变两种情况下的生产前沿面之间的距离,以此作为决策单元是否有效的标准。我国政府科技资源配置效率评价,本质上是一种投入产出效率评价。在投入产出效率评价研究方面,迟国泰等(2010)采用超效率 DEA 对科学技术评价模型进行了研究。孙威等(2010)基于 DEA 模型对 2000 年和 2008 年我国 24 个典型资源型城市效率及其变化进行了深入研究。吴和成等(2010)运用 DEA 模型对我国"十五"期间 17 个制造行业的 R&D 投入利用率进行了分析。由于 DEA 方法是一种以"相对效率"为基础的效率评价方法,因此,多数研究认为其适合被用来评价具有相同类型投入和产出的若干决策单元(Decision Making Unit, DMU)相对效率,并且具有如下特点:第一,DEA 以决策单元的输入输出的权重为变量,由决策单元的实际数据求得最优权重,因此具有很强的客观性;第二,依据DEA方法、模型和理论,可以直接利用输入输出数据建立非参数的模型,不必确定输入输出间关系的显性表达式;第三,DEA不仅可以评估、比较各DMU的相对有效性,而且可以通过投影方法发现非DEA有效和弱有效的原因和改进方向,从而为效率改进提供建议。

(2)超效率模型C^2R模型

由于在计算政府优化科技资源配置效率时可能会同时出现多个有效的决策单元,对于这些决策单元,现有的C^2R模型无法判断它们之间的配置效率的高低情况,因此,安德森和彼德森(Andersen & Peterson,1993)提出了超效率模型,超效率模型能够对多个有效的决策单元之间的效率高低再次进行比较。其基本思想是在计算某个决策单元的效率值时便在决策单元集合中不考虑该决策单元,这样结果是,未达到有效的决策单元的生产前沿面并不会变化,而对于有效的决策单元而言,生产前沿面会向后移动,使得最终的结果值大于1,其模型具体可以表示为:

$$\min_{\lambda,\theta} \theta$$
$$s.t. \sum_{j=1}^{n} x_j \lambda_j \leq \theta x_0$$
$$\sum_{j=1}^{n} y_j \lambda_j \geq y_0 \quad (5-8)$$
$$\lambda_j \geq 0 \quad j = 1,2,\cdots,k-1,k+1,\cdots,n$$

由公式(5-8)可以看出,超效率模型在计算过程中将被评价的决策单元排除在外,因此,对于无效率的决策单元而言,利用超效率模型所得到的结果与C^2R模型是一样的,但是对于有效率的决策单元而言,其效率值会大于1,这样就可以对有效率的决策单元进行重新排序。

(3)基于Malmquist指数的DEA模型

DEA方法能够对科技资源优化配置效率进行评价,但是DEA方法不能够处理面板数据。从区域和省域的角度来考虑,如果能够从各个区域或者各个省在不同的时期下的科技资源配置效率进行分析,那么能够有助于各区域和各省的政府提出相关的优化科技资源配置的政策。为了解决这个问题,需要引入 Malmquist 指数。Malmquist 指数最初由马姆奎斯特(Malmquist)于 1953 年提出,卡夫(Caves)、克里斯滕森(Christensen)和德威特(Diewert)于 1982 年开始将这一指数应用于生产效率变化的测算。1994 年,法尔(Fare)等人将这一理论的一种非参数线性规划法与数据包络分析法理论相结合。韦洛克(Wheelock)和威尔逊(Wilson)认为,DEA 模型只能够处理时间序列数据,或者对同一时期的数据进行分析,对于不同时间且不同的决策单元则无法计算,Malmquist 指数则能够解决这样的问题。Malmquist 指数结合了距离函数和面板数据,最终得到了可以进行垂直比较的生产率函数,它与 DEA 模型结合使用恰好可以解决 DEA 模型的静态性问题。法尔等人基于投入的角度得到了距离函数,这个距离函数可以看作是决策单元从某一生产点向最小投入点压缩的比例,其距离函数可以表示为:

$$D_i^t(y^t, x^t) = \frac{1}{F_i^t(y^t, x^t \mid C, S)} \quad (5\text{-}9)$$

公式(5-9)中,t 表示时期,C 表示固定规模报酬,S 表示投入要素可处置强度。那么可以采用 Malmquist 指数来表示基于投入的全要素生产率指数:

$$M_i^t = \frac{D_i^t(x^t, y^t)}{D_i^t(x^{t+1}, y^{t+1})} \quad (5\text{-}10)$$

Malmquist 指数以时期 t 的技术条件为参考,分析了技术效率从 t 到 $(t+1)$ 的变化,因此,也可以讲时期向后推一期便可以得到以时期 $(t+1)$ 的技术条件为参考,技术效率从 $(t+1)$ 到 $(t+2)$ 的变化Malmquist 指数:

第五章 政府优化科技资源配置评价体系应用分析

$$M_i^{t+1} = \frac{D_i^{t+1}(x^t, y^t)}{D_i^{t+1}(x^{t+1}, y^{t+1})} \quad (5\text{-}11)$$

法尔等对 Malmquist 指数进行了分解,主要包括了技术效率变动和技术进步两个部分,然后通过对不同时期下的两个 Malmquist 指数取几何平均值,最终得到了效率变化值:

$$\begin{aligned}
M_i &= (x^{t+1}, y^{t+1}; x^t, y^t) = \left\{ \left(\frac{D_i^t(x^t, y^t)}{D_i^t(x^{t+1}, y^{t+1})} \right) \left(\frac{D_i^{t+1}(x^t, y^t)}{D_i^{t+1}(x^{t+1}, y^{t+1})} \right) \right\}^{1/2} \\
&= \frac{D_i^t(x^t, y^t)}{D_i^t(x^{t+1}, y^{t+1})} \left[\frac{D_i^{t+1}(x^{t+1}, y^{t+1})}{D_i^t(x^{t+1}, y^{t+1})} \times \frac{D_i^{t+1}(x^t, y^t)}{D_i^t(x^t, y^t)} \right]^{1/2} \\
&= TEC(x^{t+1}, y^{t+1}; x^t, y^t) TP(x^{t+1}, y^{t+1}; x^t, y^t) \quad (5\text{-}12)
\end{aligned}$$

由 Malmquist 指数的公式(5-12)来看,该指数主要由技术效率变化指数 TEC(Technical Efficiency Change)和技术进步指数 TP(Technical Progress)两部分组成,按照一般的理解,如果 Malmquist 指数大于1,那么表明生产率上升,如果 Malmquist 指数等于1,那么表明生产率不变,如果 Malmquist 指数小于1,那么表明生产率衰退。

TEC 指数是一个相对的效率变化指数。描述了每个决策单元到生产前沿面从时期 t 到时期(t+1)的差距程度。如果技术效率变化指数大于1,那么表明与最优生产前沿面的差距正在缩小,如果技术效率变化指数等于1,那么表明相邻两期的技术效率没有显著变化,如果技术效率变化指数小于1,那么表明与最优生产前沿面的距离正在扩大。

TP 指数反映的是在相邻的两个时期内,决策单元的生产技术变化的程度,表示的是技术进步的程度。如果技术进步指数大于1,那么表明生产前沿面前移了,技术是进步的,如果技术进步指数等于1,那么表明生产前沿面未变化,技术没有变化,如果技术进步指数小于1,那么表明生产前沿面后移,技术是衰退的。

四、国家层面政府优化科技
资源配置评价

(一) 1998—2009 年我国政府科技资源投入产出的典型相关分析

典型相关分析(Canonical Correlation Analysis)是利用综合变量对它们之间的相关关系来反映两组指标之间的整体相关性的多元统计分析方法。其基本原理是:为了从总体上把握两组指标之间的相关关系,分别在两组变量中提取有代表性的两个综合变量 U1 和 V1(分别为两个变量组中各变量的线性组合),利用这两个综合变量之间的相关关系来反映两组指标之间的整体相关性。因此典型相关分析能够对投入产出各个指标之间的关系进行分析。本文所用的数据时间范围为 12 年,属于小样本,少数据,同时涉及两组指标变量,对于这类的数据进行回归分析结果很容易产生偏差,因此,本研究采用典型相关分析对我国政府科技资源投入产出的相关性进行分析,以判断影响我国政府科技资源产出的主要投入变量。根据统计资料,将上述指标变量的实际调查数据输入计算机,采用统计软件包 PASW18.0 中附带的命令程序来进行典型相关分析,输出以下主要结果。

1. 相关系数矩阵

首先需要给出我国政府科技资源投入指标间的相关系数(如表 5-7 所示)、我国政府科技资源产出指标间的相关系数(如表 5-8 所示)和我国政府科技资源投入产出指标间的相关系数(如表 5-9 所示),以此来判断投入和产出两组变量之间是否存在强相关关系,是否能够采用典型相关分析方法。从表 5-7 可以看出我国政府科技资源投入指标间的相关系数最小为 0.9289,最大为 0.9997,因此,我国政府科技资源投入指标间存在较大的相关性。从表 5-8 可以看出我国政府科技资源产出指标间的相关系数最小为 0.9248,最大为

第五章 政府优化科技资源配置评价体系应用分析

0.9915,因此,我国政府科技资源产出指标间存在较大的相关性。从表5-9可以看出我国政府科技资源投入产出指标间的相关系数最小为0.9163,最大为0.9884,因此,我国政府科技资源投入产出指标间存在较大的相关性。由表5-7、表5-8和表5-9可以发现,采用典型相关分析方法分析我国政府科技资源投入产出各指标间的关系是合适的。

表5-7 我国政府科技资源投入指标间的相关系数

相关系数	X1	X2	X3	X4	X5
X1	1.0000	.9289	.9377	.9403	.9675
X2	.9289	1.0000	.9997	.9930	.9717
X3	.9377	.9997	1.0000	.9943	.9757
X4	.9403	.9930	.9943	1.0000	.9615
X5	.9675	.9717	.9757	.9615	1.0000

表5-8 我国政府科技资源产出指标间的相关系数

相关系数	Y1	Y2	Y3	Y4
Y1	1.0000	.9248	.9633	.9483
Y2	.9248	1.0000	.9793	.9615
Y3	.9633	.9793	1.0000	.9915
Y4	.9483	.9615	.9915	1.0000

表5-9 我国政府科技资源投入和产出指标之间的相关系数

相关系数	Y1	Y2	Y3	Y4
X1	.9468	.9163	.9641	.9821
X2	.9680	.9641	.9800	.9560
X3	.9714	.9655	.9835	.9622
X4	.9884	.9537	.9809	.9605
X5	.9395	.9602	.9763	.9762

2. 典型相关系数、检验及其典型相关模型

典型相关系数的输出结果见表5-10,可以看出,第一典型相关系

数的显著性概率为 0.000,然而其他第二、三和四典型相关系数的显著性概率分别为 0.196、0.383 和 0.515,因此,在 0.05 的显著性水平下,四对典型变量中只有第一对典型相关是显著的。因此,研究我国政府科技资源投入和产出相关性的研究可以转化为研究第一对典型变量相关变量之间的关系。我们采用第一对典型变量 U1、V1 来建立典型相关模型。其模型如下:

$$U1 = -0.368X1 + 2.207X2 - 2.284X3 - 0.816X4 + 0.26X5$$

$$V1 = -0.607Y1 + 0.165Y2 - 0.242Y3 - 0.322Y4$$

由于典型权重只是保证了这一对典型变量间的相关系数在所有线性组合中是最大的,并且我国政府科技资源投入和产出各个变量之间相关性较大,可能存在共线性等问题。因此,利用典型权重来解释各个变量的相对重要程度是不妥的。现有研究表明,采用典型载荷和交叉载荷能够较好地反映各个变量的相对重要程度。因此,必须进行进一步典型结构分析。

表 5-10　典型相关系数及其相关检验

	典型相关系数 (Canonical Correlations)	Wilks 的统计量 (Wilk's)	卡方统计量 (Chi-SQ)	自由度 (DF)	显著性概率 (Sig.)
1	.999	.000	53.034	20.000	.000
2	.892	.071	15.894	12.000	.196
3	.754	.346	6.371	6.000	.383
4	.445	.802	1.325	2.000	.515

3. 典型结构

典型结构分析是依据原始变量与典型变量之间的相关系数给出,反映原始变量与典型变量(包括自身典型变量和对方典型变量)之间的相关程度。当典型载荷的绝对值越大,表示相关性越大,对典型变量解释时,其重要性也越高(汪冬华,2010)。

由表 5-11 和表 5-12 可以看出,我国政府科技资源投入原始变量与第一对典型变量(U1 和 V1)的相关程度都较高,而与其他对典型变量的相关程度都较低;由表 5-13 和表 5-14 可以看出,我国政府科技资源产出原始变量与第一对典型变量(U1 和 V1)的相关程度都较高,而与其他对典型变量的相关程度都较低。进一步可以分析 U1 和 V1 的含义:U1 与 5 个投入变量之间的相关系数最小为 0.963,最大为 0.990(如表 5-11 所示),所以 U1 完全能够反映我国政府科技资源投入能力,同时与科技经费支出额($X4$)之间的相关性最强,U1 与 4 个产出变量之间的相关系数最小为 0.942,最大为 0.992(如表 5-14 所示),所以 U1 与我国政府科技资源产出能力相关性较大,同时与拥有发明专利数($Y1$)之间的相关性最强;V1 与 4 个产出变量之间的相关系数最小为 0.943,最大为 0.993(如表 5-13 所示),所以 V1 完全能够反映我国政府科技资源产出能力,同时与拥有发明专利数($Y1$)之间的相关性最强,V1 与 5 个投入变量之间的相关系数最小为 0.962,最大为 0.989(如表 5-12 所示),所以 V1 与我国政府科技资源投入能力相关性较大,同时与科技经费支出额($X4$)之间的相关性最强。

由以上分析可知,与其他因素相比较而言,我国政府科技资源投入与科技经费支出额之间存在最大的相关性,我国政府科技资源产出与拥有发明专利数之间存在最大的相关性。因此,科技经费支出额是影响我国政府科技资源产出的最重要的因素。

表 5-11 我国政府科技资源投入原始变量与自身典型变量(U1、U2、U3、U4)之间的典型载荷

典型载荷	1	2	3	4
X1	-.974	.209	-.044	.037
X2	-.974	-.141	-.171	-.017
X3	-.979	-.118	-.162	-.018
X4	-.990	-.122	-.062	-.035
X5	-.963	.074	-.226	-.076

表 5-12　我国政府科技资源投入原始变量与对方典型变量(V1、V2、V3、V4)之间的交叉载荷

交叉载荷	1	2	3	4
X1	-.973	.187	-.033	.017
X2	-.973	-.126	-.129	-.007
X3	-.978	-.105	-.122	-.008
X4	-.989	-.109	-.046	-.016
X5	-.962	.066	-.170	-.034

表 5-13　我国政府科技资源产出原始变量与自身典型变量(V1、V2、V3、V4)之间的典型载荷

典型载荷	1	2	3	4
Y1	-.993	-.084	.069	-.054
Y2	-.943	-.049	-.308	-.119
Y3	-.984	.002	-.176	.021
Y4	-.979	.131	-.157	.024

表 5-14　我国政府科技资源产出原始变量与对方典型变量(U1、U2、U3、U4)之间的交叉载荷

交叉载荷	1	2	3	4
Y1	-.992	-.075	.052	-.024
Y2	-.942	-.044	-.232	-.053
Y3	-.983	.002	-.133	.009
Y4	-.978	.117	-.118	.011

4. 典型冗余分析

通过以上分析,典型相关系数描述了典型变量之间的相关程度,而典型载荷和交叉载荷描述了典型变量与每个原始变量之间的相关关系,但有时需要将每组原始变量作为一个整体,考察典型变量与变量组之间的相关程度,从而分析这些典型变量对两组变量的解释能力,以正确评价典型相关的意义,此时,需要进行冗余分析(汪冬华,2010)。

冗余分析的结果说明了个典型变量对各变量组方差解释的比例(如表 5-15 所示)。我国政府科技资源投入原始变量的变异可被自身

第五章　政府优化科技资源配置评价体系应用分析

的典型变量(U1)所解释的比例为95.3%,表明典型变量 U1 完全能够代表我国政府科技资源投入原始变量。我国政府科技资源投入原始变量的变异可被对方典型变量(V1)所解释的比例为95.1%,表明典型变量 V1 能够对我国政府科技资源投入产生重要影响。我国政府科技资源产出原始变量的变异可被自身的典型变量(V1)所解释的比例为95%,表明典型变量 V1 完全能够代表我国政府科技资源产出原始变量。我国政府科技资源产出原始变量的变异可被对方典型变量(U1)所解释的比例为94.8%,表明典型变量 U1 能够对我国政府科技资源产出产生重要影响。

表 5-15　各组原始变量的变异可被各典型变量所解释的比例

	被自身典型变量解释的百分比(%)	被对方典型变量解释的百分比(%)		被自身典型变量解释的百分比(%)	被对方典型变量解释的百分比(%)
U1	.953	.951	V1	.950	.948
U2	.020	.016	V2	.007	.005
U3	.022	.013	V3	.039	.022
U4	.002	.000	V4	.005	.001

5. 小结

在现有研究基础上,基于我国1998—2009年的相关指标数据,利用典型相关分析方法分析了我国政府科技资源投入和产出两组指标之间的相关性。主要研究结论包括:

(1)对我国政府科技资源投入和产出的评价指标以及之间的相关性进行了分析。科技经费支出占 GDP 的比重、万人口科技活动人员、科技活动人员、科技经费支出额和高层次科技人才数这5个指标能够解释我国政府科技资源投入状况变异的95.3%;拥有发明专利数、新产品出口销售收入、高技术产业增加值和国内中文期刊科技论文数这4个指标能够解释我国政府科技资源产出状况变异的95.1%;另外,投入组指标能够解释产出组指标变异的94.8%。

(2)对我国政府科技资源投入和产出指标中的关键指标进行了

识别,并对这关键指标之间的相关性进行了分析。典型相关分析结果表明,我国政府科技资源投入状况与科技经费支出额之间的相关性最大;我国政府科技资源产出状况与拥有发明专利数之间的相关性最大;同时,由于本文所选择的第一对典型变量(U1 和 V1)之间典型相关系数最大,这说明与其他对典型变量相比,U1 所代表的科技经费支出额和 V1 所代表的拥有发明专利数之间存在最大的相关性。

从以上研究结论可以看出,我国政府科技资源投入组指标能够解释产出组指标的大部分变异;同时,我国政府科技资源投入指标中的关键指标是科技经费支出额,而产出指标中的关键指标是拥有发明专利数;与其他投入产出分变量间相关性相比,科技经费支出额与拥有发明专利数之间的相关性最强。

(二) 基于 C^2R 模型国家科技资源配置效率分析

假设要评价 k 年的我国政府科技资源优化配置效率问题,并假设评价指标体系为 L 种投入指标,M 种产出指标。设 x_{jl} 代表第 j 年的第 l 种资源的投入量,y_{jm} 代表第 j 年的第 m 种产出量,对于第 n ($n = 1, 2, \ldots, K$) 个年份在凸性、锥性、无效性和最小性公理的假设下有基于规模报酬不变的 (Constant Return to Scale, CRS) DEA 模型:

$$\begin{cases} \min[\theta - \varepsilon(e_1^T s^- + e_2^T s^+)] \\ s.t. \sum_{j=1}^{k} x_{jl}\lambda_j + s^- = \theta x_l^n & l = 1,2,\cdots,L \\ \sum_{j=1}^{k} y_{jm}\lambda_j - s^+ = y_m^n & m = 1,2,\cdots,M \\ \lambda \geq 0 & n = 1,2,\cdots,K \end{cases} \quad (5\text{-}13)$$

公式(5-13)中,$\theta(0 < \theta \leq 1)$ 为综合效率指数;$\lambda_j(\lambda_j \geq 0)$ 为权重变量;$s^-(s^- \geq 0)$ 为松弛变量;$s^+(s^+ \geq 0)$ 为剩余变量;ε 为非阿基米德无穷小量;$e_1^T = (1,1,\ldots,1) \in E_m$ 和 $e_2^T = (1,1,\ldots,1) \in E_k$ 分别为 m 维和 k 维单位向量空间,式(5-13)是基于规模报酬不变的 DEA 模型,

简称 CRS 模型。θ 值越大,政府科技资源优化配置效率越高,$\theta=1$ 表明该年政府科技资源优化配置运行在最优生产前沿面上,其产出相对于投入而言达到了综合效率最优。

在式(5-13)中引进约束条件 $\sum_{j=1}^{k}\lambda_j = 1$,将式(5-13)转变为规模报酬可变的 DEA 模型,简称 VRS 模型,利用 VRS 模型可将综合效率分解为纯技术效率与规模效率的乘积。用 VRS 模型得到的效率指数(记为 θ_b)为所评价年份的纯技术效率指数,有 $0<\theta_b\leq 1$,$\theta_b\geq\theta$。规模效率 $SE=\theta/\theta_b$,$0<SE\leq 1$。同样对于 θ_b、SE 的值越接近于 1,表示该年纯技术效率、规模效率越高。当 $\theta_b=1$ 或 $SE=1$,则该年分别为纯技术效率最优或规模效率最优。

依据 DEA 模型方法可知,DEA 模型中的该年综合效率指数反映的是该年科技资源要素配置、利用和规模集聚等效率,而纯技术效率指数则表示的是该年科技资源要素的配置和利用的效率,规模效率指数表示的是该年科技资源投入规模集聚的效率。

由于是研究我国不同时期的政府科技资源配置的相对效率的大小,所以选用具有非阿基米德无穷小的 C^2R 模型进行分析,假设规模报酬可变(采用 VRS 模型)。因此,本文中的政府科技资源优化配置的评价模型如下图 5-2:

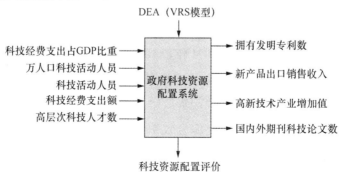

图 5-2　我国政府科技资源优化配置评价模型

根据上述我国政府科技资源配置效率评价指标体系和DEA模型,本文选择DEAP 2.1软件中DEA的VRS模型来计算1998—2009年我国政府科技资源配置效率水平,所得结果如表5-16、表5-17、表5-18、表5-19和表5-20所示。

表5-16 1998—2009年我国政府科技资源配置效率值

年份	综合效率	技术效率	规模效率	规模报酬
1998	1.000	1.000	1.000	规模报酬不变
1999	1.000	1.000	1.000	规模报酬不变
2000	0.958	0.961	0.996	规模报酬递减
2001	0.960	0.973	0.986	规模报酬递增
2002	0.988	0.990	0.99	规模报酬递减
2003	1.000	1.000	1.000	规模报酬不变
2004	1.000	1.000	1.000	规模报酬不变
2005	1.000	1.000	1.000	规模报酬不变
2006	1.000	1.000	1.000	规模报酬不变
2007	1.000	1.000	1.000	规模报酬不变
2008	1.000	1.000	1.000	规模报酬不变
2009	1.000	1.000	1.000	规模报酬不变
平均值	0.992	0.994	0.998	

DEA理论表明,处在生产前沿面上的决策单元,其综合效率、技术效率和规模效率都为DEA最优,投入产出达到了最优,决策单元为DEA有效。由表5-16可知,处在生产前沿面的共有9个年份,分别为1998年、1999年、2003年、2004年、2005年、2006年、2007年、2008年和2009年,它们的综合效率、技术效率和规模效率都达到最优,表明这些年份我国政府科技资源配置效率为DEA有效。其他年份包括2000、2001和2002连续三年综合效率、技术效率和规模效率都没有达到最优。因此,可以看出,在以近12年我国政府科技资源配置效率作为决策单元的评价里,有9年的综合DEA值为1,即75.0%的年份相对其他年份最有效率,剩下3年的综合DEA值也都在0.95－1.0

之间,属于较有效率的年份。因此,我国近12年来的政府科技资源配置效率都较高。

综合DEA值包含了纯技术效率和规模效率,即综合DEA值等于技术DEA值与规模DEA值的乘积。技术有效的年份,科技资源配置效率不一定高,只有技术效率和规模效率都高的年份,才能产生科技资源配置效率最高。对技术DEA值和规模DEA值进行分析,可找到造成科技资源配置效率低的原因,即综合效率低是因为技术无效还是因为规模无效,从而提出有效提高科技资源配置效率的解决办法。

从12年的技术DEA值和规模DEA值来看,9个科技资源配置效率相对有效年份的技术DEA值和规模DEA值均为1,规模不变,说明这9个年份的技术有效,且处于最佳规模。而3个较有效率年份中,其技术DEA值都在0.96—1.0之间,说明从纯技术效率来看,这3年技术较有效,投入的科技资源尚未得到有效的利用,要提高科技资源配置效率,就必须先从资源有效利用方面入手。

此外,2000年、2001年和2002年这3个年份的规模DEA值都小于1。数据表明,这3个年份中,2000年和2002年的投入处于规模报酬递减阶段,增加科技资源投入不能带来相应的更高的收益,如果继续增加科技投入,产出的增加将小于投入的增加,不但不能提高科技资源配置效率,还会造成资源浪费。因此,应当着重从资源配置和管理入手,加强对投入资源的利用,提高资源的有效利用率。但是2001年的投入处在规模递增阶段,如果继续加大投入,能够获得规模报酬。

相比较而言,2000年、2001年和2002年这3个年份中,规模DEA值都明显大于技术DEA值,这表明我国政府科技资源投入规模较高,但是在科技资源利用效率方面存在更大的不足。

表 5-17　DEA 计算过程中各年份对应的参照年份及被参照的总次数

年份	参照年份	被参照次数
1998	1998	1
1999	1999	3
2000	2003,1998,2004,1999	0
2001	2003,1999	0
2002	2003,1999	0
2003	2003	3
2004	2004	1
2005	2005	0
2006	2006	0
2007	2007	0
2008	2008	0
2009	2009	0

表 5-18　1998—2009 年我国政府科技资源产出的剩余变量值

年份	output1	output2	output3	output4
1998	0.000	0.000	0.000	0.000
1999	0.000	0.000	0.000	0.000
2000	1597.991	0.000	0.000	0.000
2001	2033.937	26.754	72.346	0.000
2002	6608.261	253.970	365.318	0.000
2003	0.000	0.000	0.000	0.000
2004	0.000	0.000	0.000	0.000
2005	0.000	0.000	0.000	0.000
2006	0.000	0.000	0.000	0.000
2007	0.000	0.000	0.000	0.000
2008	0.000	0.000	0.000	0.000
2009	0.000	0.000	0.000	0.000
平均值	853.349	23.394	36.472	0.000

注：output1,拥有发明专利数；output2,新产品出口销售收入；output3,高技术产业增加值；output4,国内中文期刊科技论文数。

第五章 政府优化科技资源配置评价体系应用分析

表5-19　1998—2009年我国政府科技资源投入的松弛变量值

年份	input1	input2	input3	input4	input5
1998	0.000	0.000	0.000	0.000	0.000
1999	0.000	0.000	0.000	0.000	0.000
2000	0.051	0.877	125526.210	0.000	253086.845
2001	0.030	0.000	13239.837	23.515	181627.763
2002	0.043	0.162	22660.317	0.000	98987.161
2003	0.000	0.000	0.000	0.000	0.000
2004	0.000	0.000	0.000	0.000	0.000
2005	0.000	0.000	0.000	0.000	0.000
2006	0.000	0.000	0.000	0.000	0.000
2007	0.000	0.000	0.000	0.000	0.000
2008	0.000	0.000	0.000	0.000	0.000
2009	0.000	0.000	0.000	0.000	0.000
平均值	0.010	0.087	13452.197	1.960	44475.147

注：input1，科技经费支出占GDP的比重；input2，万人口科技活动人员；input3，科技活动人员；input4，科技经费支出额；input5，高层次科技人才数。

表5-20　2000年、2001年和2002年我国政府科技资源配置效率分析

变量	2000		2001		2002	
	原始值	目标值	原始值	目标值	原始值	目标值
output1	12683.000	14280.991	16296.000	18329.937	21473.000	28081.261
output2	1271.000	1271.000	1393.000	1419.754	1772.000	2025.970
output3	2759.000	2759.000	3095.000	3167.346	3769.000	4134.318
output4	180848.000	180848.000	203229.000	203229.000	240117.000	240117.000
input1	0.900	0.814	0.950	0.894	1.070	1.016
input2	25.400	23.545	24.600	23.933	25.100	24.693
input3	3223519.000	2973819.417	3141085.000	3042704.708	3221822.000	3167704.149
input4	895.660	861.158	1042.490	990.718	1287.640	1275.068
input5	2045906.000	1714008.684	2071530.000	1833752.529	2172019.000	2051824.472

注：output1，拥有发明专利数；output2，新产品出口销售收入；output3，高技术产业增加值；output4，国内中文期刊科技论文数；input1，科技经费支出占GDP的比重；input2，万人口科技活动人员；input3，科技活动人员；input4，科技经费支出额；input5，高层次科技人才数。

表5-17是VRS假定下得到的参照年份,1999年和2003年作为参照年份都为3次,1998年和2004年作为参照年份都为1次。它们是值得学习和借鉴的年份。结合表5-18、表5-19和表5-20可以看出,导致2000年我国政府科技资源配置效率偏低的原因在于第一个(科技经费支出占GDP的比重)、第二个(万人口科技活动人员)、第三个(科技活动人员)和第五个(高层次科技人才数)四个指标投入过剩。导致2001年我国政府科技资源配置效率偏低的原因在于第一个(科技经费支出占GDP的比重)、第三个(科技活动人员)、第四个(科技经费支出额)和第五个(高层次科技人才数)四个指标投入过剩。导致2002年我国政府科技资源配置效率偏低的原因在于第一个(科技经费支出占GDP的比重)、第二个(万人口科技活动人员)、第三个(科技活动人员)和第五个(高层次科技人才数)四个指标投入过剩。如果能够有效规划这些指标的投入,就能够提高我国政府科技资源配置效率。

本节采用数据包络分析中的VRS模型对我国政府科技资源配置效率评价进行了研究,并计算了1998—2009年我国政府科技资源配置效率水平,得到了以下结论:

(1)在我国政府科技资源配置效率总体水平评价方面,这12年的政府科技资源配置效率水平都较高。其中1998年、1999年、2003年、2004年、2005年、2006年、2007年、2008年和2009年的综合效率都达到了相对最优。虽然2000年、2001年和2002年的综合效率未达到相对最优,但是,其综合效率值也在0.95—1.0之间。相比较而言,2000年、2001年和2002年这3个年份中规模DEA值都明显大于技术DEA值,这表明,这几年我国政府科技资源投入规模较高,但是在科技资源利用效率方面存在更大的不足。

(2)在我国政府科技资源投入冗余产出不足评价方面,1998年、1999年、2003年和2004年我国政府科技资源配置效率都较高。以这几年为参考年份,2000年拥有发明专利数产出不足,导致该年我国政府科技资源配置效率偏低的原因在于,科技经费支出占GDP的比重、万人口科技活动人员、科技活动人员和高层次科技人才数四个指标投入过剩;2001年拥有发明专利数、新产品出口销售收入和高技术产业增加值产出不足,导致该年我国政府科技资源配置效率偏低的原因在于,科技经费支出占GDP的比重、科技活动人员、科技经费支出额和高层次科技人才数四个指标投入过剩;2002年拥有发明专利数、新产品出口销售收入和高技术产业增加值产出不足,导致该年我国政府科技资源配置效率偏低的原因在于,科技经费支出占GDP的比重、万人口科技活动人员、科技活动人员和高层次科技人才数四个指标投入过剩。

从以上研究结论可以看出,1998—2009年我国政府科技资源配置效率总体水平都较高。从2000年、2001年和2002年这3个年份可以发现,高技术产业产出为主的评价指标中的效率溢出,其主要原因还在于,传统产业比重过大和占用科技资源过多。我国如果要保持政府科技资源高配置效率水平,应当合理控制科技投入总量,特别是要适当控制传统产业等的投入,加大高新技术产业在科技资源配置中的比重,调整和优化投入结构,提高科研机构运转经费、科研项目经费、科技基础条件经费等比例,提高科技经费使用效益。

但是,通过表5-16中C^2R模型的计算结果我们可以发现,1998年、1999年、2003年、2004年、2005年、2006年、2007年、2008年和2009年我国的科技资源配置效率值均为1,因此,依据C^2R模型所得到的配置效率值,难以对大部分年份的科技资源配置效率进行深入分析,因此,需要引入超效率模型。超效率模型能够对多个有效的决策单元之间的效率高低再次进行比较,其基本思想是在计算某个决策单元的效率值时便在决策单元集合中不考虑该决策单元,这样结果是未达到有效的决策单元的生产前沿面并不会变化,而对于有效的决策单元而言,生产前沿面会向后移动,使得最终的结果值大于1。表5-21和图5-3的结果表明,1998—1999年我国科技资源配置效率是一个逐步上升的过程,配置效率最高的是 2009 年,其值为 1.37120,而配置效率最低的是 2000 年,其值为 0.95760。

表 5-21 基于超效率分析的 1998—2009 年我国政府科技资源配置效率值

年份	超效率值
1998	1.03766
1999	1.07182
2000	0.95760
2001	0.95953
2002	0.98790
2003	1.04796
2004	1.11910
2005	1.00560
2006	1.04207
2007	1.08791
2008	1.25072
2009	1.37120

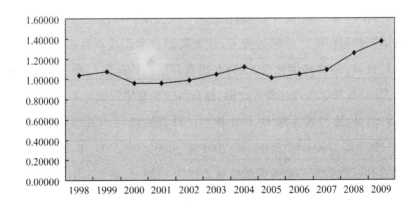

图 5-3 基于超效率分析的 1998—2009 年我国政府科技资源配置效率值

五、区域层面政府优化科技资源配置评价

本节主要对区域层面政府优化科技资源配置的效率进行评价。在数据的获取过程中主要依据的是中国科技统计年鉴和中国统计年

鉴,但是,关于各个区域的很多指标数据从 2008 年开始就不再统计,更换成其他指标,而这些指标只能得到 2008 年、2009 年和 2010 年三年的数据,同时这些指标与以往各年中与其相近的指标之间的数值差距较大,因此无法针对 1998—2009 年进行分析。在区域层面的分析中主要考虑的是 1998—2007 年的区域的面板数据,本节选取的截面数据为中国内地的东部、中部和西部三个区域,按照国家统计局的划分,其中东部地区包括北京、天津、河北、辽宁、上海、江苏、浙江、福建、山东、广东和海南 11 个省市;中部地区包括山西、吉林、黑龙江、安徽、江西、河南、湖北和湖南 8 个省市;西部地区包括内蒙古、广西、重庆、四川、贵州、云南、西藏、陕西、甘肃、青海、宁夏和新疆 12 个省市。所采用的评价方法是 Malmquist 指数评价方法。

(一)区域层面科技资源配置效率的总体分析

表 5-22　1998—2007 年我国各个区域科技资源配置效率(按时期排列)

年份	技术效率变动 effch	技术变动 techch	纯技术效率变动 pech	规模效率变动 sech	全要素生产率变动 tfpch
1998—1999	1.047	1.418	1.000	1.047	1.484
1999—2000	1.027	1.029	1.000	1.027	1.057
2000—2001	1.019	0.898	1.000	1.019	0.915
2001—2002	1.000	0.947	1.000	1.000	0.947
2002—2003	0.915	1.461	1.000	0.915	1.337
2003—2004	1.008	1.068	1.000	1.008	1.076
2004—2005	1.036	1.284	1.000	1.036	1.330
2005—2006	1.020	1.011	1.000	1.020	1.032
2006—2007	1.014	1.023	1.000	1.014	1.037
均值	1.009	1.111	1.000	1.009	1.120

表 5-22 列出了 1998—2007 年间的我国各个区域科技资源配置效率的增长指数、技术进步指数、技术效率变化指数,由此看出:

(1)从我国区域科技资源配置效率整体看,1998—2007 年间,我国区域科技资源配置效率得到一定提升,平均增长率为 12.0%。从区域科技资源配置效率增长的结构看,十年间我国区域科技资源配置效率的增长主要来自于技术进步,而不是科技资源配置技术效率的改善。技术进步为我国区域科技资源配置效率的年增长平均贡献了11.1个百分点,有力地推动了我国区域科技资源配置效率的增长,而技术效率(科技资源配置效率)的年平均增长率为0.9%。由此可知,我国区域科技资源配置效率增长的主要动力是技术进步。

(2)从我国区域科技资源配置效率增长的时序变动情况看,我国区域科技资源配置在考察期内的效率(即全要素生产率)基本呈现正的增长态势,但期间也出现了两次短暂的衰退现象,包括2000—2001年和2001—2002年,这表明区域科技资源配置效率的增长并不稳定。具体分析这两个时期出现衰退的原因可知,2000—2001年和2001—2002年这两个时期区域科技资源配置效率的下降主要是由技术退步引起的。2002—2003年这个时期的技术效率衰退,但是其技术进步程度大于技术衰退程度,因此,最终全要素生产率仍然呈增长状态。除了2000—2001年、2001—2002年和2005—2006年三个时期的技术进步指数小于技术效率变化指数外,其余时期均显现出技术进步指数大于技术效率指数,这也表明我国区域科技资源配置效率的提高主要得益于技术进步。

(3)从我国区域科技资源配置效率的分解来看,技术进步变动指数显示,除2000—2001年和2001—2002年的技术变动呈下降态势外,其他期间的技术进步呈上升趋势;技术效率变动显示,2001—2002年期间技术效率呈不变趋势,2002—2003年间技术效率呈下降趋势,其他期间的技术效率呈上升趋势;纯技术效率变动指数显示,所有期间内纯技术效率变动指数均等于1,呈不变趋势;规模效率变动指数显示,2002—2003期间内规模效率呈下降趋势,其他期间的规模效率呈上升趋势。

(4)从技术进步和技术效率对我国区域科技资源配置效率的促

进作用看,在考察期1998—2007年、2000—2001年和2001—2002年期间,技术退步会对我国区域科技资源配置效率产生不利影响,而技术效率(资源配置效率)上升会对我国区域科技资源配置效率产生促进作用,技术效率上升的程度小于技术退步的程度。在2002—2003年期间,技术效率(资源配置效率)下降会对我国区域科技资源配置效率产生不利影响,而技术进步会对我国区域科技资源配置效率产生促进作用,技术进步的程度大于技术效率下降的程度。在这三个时期内技术效率与技术进步是此增彼降的关系。另外,可以发现,除了这三个时期外,其他时期均表现为技术效率和技术进步同时促进我国区域科技资源配置效率的增长,这表明我国技术进步及技术效率上升是一个平稳的趋势。

(二)区域层面科技资源配置效率的变动及差异分析

表5-23 1998—2007年我国各个区域科技资源配置效率(按区域排列)

区域	技术效率变动 effch	技术变动 techch	纯技术效率变动 pech	规模效率变动 sech	全要素生产率变动 tfpch
东部	1.000	1.132	1.000	1.000	1.132
中部	1.000	1.115	1.000	1.000	1.115
西部	1.027	1.085	1.000	1.027	1.115
平均值	1.009	1.111	1.000	1.009	1.120

表5-23给出了1998—2007年我国区域科技资源配置效率的增长指数、技术进步指数、技术效率变化指数的均值,由此看出:

从区域科技资源配置效率差异来看,东、中和西部三个区域科技资源配置效率的增长指数均超过1。也就是说,三个区域在1997—2007年间的科技资源配置效率都呈现增长的态势。其中,增长速度最快的是东部区域,年均增长速度达13.2%,中部和西部的年均增长速度相同都是11.5%。

然而,我国各个区域科技资源配置效率提高的原因却有一定的差异。具体而言,东部和中部的科技资源配置效率的增长来自于技术进步的贡献,表现为这两个区域在1998—2007年间的年平均技术进步指数大于1,而技术效率指数等于1。但是,西部科技资源配置效率的增长来自于技术进步和技术效率提高两者的共同作用,表现为西部区域在1998—2007年间的年平均技术进步指数和技术效率指数都大于1,增长速度分别为2.7%和8.5%。

六、省域层面政府优化科技资源配置评价

本节主要对省域层面政府优化科技资源配置的效率进行评价。在数据的获取过程中主要依据的是中国科技统计年鉴和中国统计年鉴,但是,关于各个省域的很多指标数据从2008年开始就不再统计,更换成其他指标,而这些指标只能得到2008年、2009年和2010年三年的数据,同时这些指标与以往各年中与其相近的指标之间的数值差距较大,因此无法针对1998—2009年进行分析。在省域层面的分析中主要考虑的是1998—2007年的区域的面板数据。本节选取的截面数据为中国内地31个省,包括北京、天津、河北、辽宁、上海、江苏、浙江、福建、山东、广东、海南、山西、吉林、黑龙江、安徽、江西、河南、湖北、湖南、内蒙古、广西、重庆、四川、贵州、云南、西藏、陕西、甘肃、青海、宁夏和新疆31个省市。所采用的评价方法是Malmquist指数评价方法。

(一)省域层面科技资源配置效率的总体分析

表5-24列出了1998—2007年间的我国省域科技资源配置效率的增长指数、技术进步指数、技术效率变化指数,由此看出:

(1)从我国省域科技资源配置效率整体看,1998—2007年间我国省域科技资源配置效率得到一定提升,平均增长率为12.0%。

第五章 政府优化科技资源配置评价体系应用分析

从省域科技资源配置效率增长的结构看,10年间我国省域科技资源配置效率的增长主要来自于技术进步,而不是科技资源配置技术效率的改善。技术进步为我国省域科技资源配置效率的年增长平均贡献了10.8个百分点,有力地推动了我国省域科技资源配置效率的增长,而技术效率(科技资源配置效率)的年平均增长率为1.1%。由此可知,我国省域科技资源配置效率增长的主要动力是技术进步。

(2) 从我国省域科技资源配置效率增长的时序变动情况看,我国省域科技资源配置在考察期内的效率(即全要素生产率)基本呈现正的增长态势,但期间也出现了三次短暂的衰退现象,包括2000—2001年、2001—2002年和2006—2007年,这表明科技资源配置效率的增长并不稳定。具体分析这三个时期出现衰退的原因可知,2000—2001年和2001—2002年这两个时期科技资源配置效率的下降主要是由技术退步和技术效率衰退引起的。2006—2007年科技资源配置效率下降主要是由技术效率衰退引起的,技术反而处于进步状态。

表5-24　1998—2007年我国各省科技资源配置效率(按时期排列)

年份	技术效率变动 effch	技术变动 techch	纯技术效率变动 pech	规模效率变动 sech	全要素生产率变动 tfpch
1998—1999	1.054	1.390	0.994	1.060	1.465
1999—2000	1.218	0.990	1.181	1.031	1.205
2000—2001	0.969	0.886	0.973	0.997	0.859
2001—2002	0.996	0.930	1.016	0.980	0.923
2002—2003	0.895	1.773	0.922	0.971	1.587
2003—2004	1.045	1.044	1.032	1.012	1.091
2004—2005	0.901	1.250	0.992	0.908	1.127
2005—2006	1.116	0.907	1.014	1.101	1.012
2006—2007	0.945	1.056	0.976	0.969	0.998
均值	1.011	1.108	1.009	1.002	1.120

（3）从我国省域科技资源配置效率的分解来看，从技术进步变动指数来看，1998—1999年、2002—2003年、2003—2004年、2004—2005年和2006—2007年的技术变动呈上升趋势，1999—2000年、2000—2001年、2001—2002年和2005—2006年的技术变动呈下降趋势，这表明我国各省科技资源配置效率的技术变动在不同的年份期间的变动较大。从技术效率变动来看，1998—1999年、1999—2000年、2003—2004年和2005—2006年的技术效率变动呈上升趋势，2000—2001年、2001—2002年、2002—2003年、2004—2005年和2006—2007年的技术效率变动呈下降趋势，这表明我国各省科技资源配置效率的技术效率变动在不同的期间的变动较大。从纯技术效率变动指数来看，1998—1999年、2000—2001年、2002—2003年、2004—2005年和2006—2007年纯技术效率变动呈下降趋势，而1999—2000年、2001—2002年、2003—2004年和2005—2006年纯技术效率变动呈上升趋势。从规模效率变动指数来看，1998—1999年、1999—2000年、2003—2004年和2005—2006年规模效率呈上升趋势，而2000—2001年、2001—2002年、2002—2003年、2004—2005年和2006—2007年规模效率呈下降趋势。

（4）从技术进步和技术效率对我国省域科技资源配置效率的促进作用看，在考察期1998—2007年、1998—1999年、2002—2003年和2004—2005年，技术效率变动小于技术变动，因此，对我国科技资源配置效率促进作用较大的是技术进步，而1999—2000年、2003—2004年和2005—2006年，技术效率变动大于技术变动，因此，对我国我国科技资源配置效率促进作用较大的是技术效率的提升。

（二）省域层面科技资源配置效率的变动及差异分析

表5-25列出了1998—2007年间的我国省域科技资源配置效率的增长指数、技术进步指数、技术效率变化指数。

第五章 政府优化科技资源配置评价体系应用分析

(1) 从省域科技资源配置整体效率来看,江西和西藏的全要素生产率变动小于1,而北京、天津、河北、山西、内蒙古、辽宁、吉林、黑龙江、上海、江苏、浙江、安徽、福建、山东、河南、湖北、湖南、广东、广西、海南、重庆、四川、贵州、云南、陕西、甘肃、青海、宁夏和新疆的全要素生产率变动大于1,也就是说,31个省(市、区)中除2个省在1997—2007年间的科技资源配置效率呈现衰退的态势外,其余29个省(市、区)均呈现增长的态势。

(2) 从我国省域科技资源配置效率的分解来看。

从技术进步变动指数来看,除福建和西藏的技术变动呈下降态势外,其余各省(市、区)包括北京、天津、河北、山西、内蒙古、辽宁、吉林、黑龙江、上海、江苏、浙江、安徽、江西、山东、河南、湖北、湖南、广东、广西、海南、重庆、四川、贵州、云南、陕西、甘肃、青海、宁夏和新疆的技术进步呈上升趋势;

从技术效率变动来看,河北、山西、内蒙古、辽宁、福建、江西、广西、西藏和宁夏的技术效率变动小于1,表明这几个省(区)的技术效率呈下降趋势;北京、黑龙江、浙江、山东、湖南、广东、海南、重庆和云南的技术效率变动等于1,表明这几个省(市)的技术效率呈不变趋势;天津、吉林、上海、江苏、安徽、河南、湖北、四川、贵州、陕西、甘肃、青海和新疆的技术效率变动大于1,表明这几个省(市、区)的技术效率呈上升趋势。

从纯技术效率变动指数来看,河北、山西、内蒙古、辽宁、福建、青海和宁夏的纯技术效率变动小于1,表明这几个省(区)的纯技术效呈下降趋势;北京、黑龙江、上海、江苏、浙江、山东、湖南、广东、广西、海南、重庆、云南和西藏的纯技术效率等于1,表明这几个省(市、区)的纯技术效率呈不变趋势;天津、吉林、安徽、江西、河南、湖北、四川、贵州、陕西、甘肃和西藏的纯技术效率变动大于1,表明这几个省(市、区)的纯技术效呈上升趋势。

从规模效率变动指数来看,河北、内蒙古、辽宁、福建、江西、广西、四川、西藏、陕西、宁夏和新疆的规模效率变动小于1,表明这几个省(市、区)的规模效率呈下降趋势;北京、黑龙江、浙江、山东、湖南、广东、海南、重庆、云南和甘肃的规模效率变动等于1,表明这几个省(市、区)的规模效率呈不变趋势;天津、山西、吉林、上海、江苏、安徽、河南、湖北、贵州和青海规模效率变动大于1,表明这几个省(市、区)的规模效率呈上升趋势。

(3)从技术进步和技术效率对我国省域科技资源配置效率的促进作用看,除了甘肃省技术进步对其科技资源配置效率的促进作用小于技术效率外,其余省份技术进步对其科技资源配置效率的促进作用均大于技术效率,由此可见,大部分省份的科技资源配置效率主要受到技术进步的影响。

表5-25 1998—2007年我国各省科技资源配置效率(按省排列)

省域	技术效率变动 effch	技术变动 techch	纯技术效率变动 pech	规模效率变动 sech	全要素生产率变动 tfpch
北京	1.000	1.166	1.000	1.000	1.166
天津	1.034	1.067	1.017	1.016	1.103
河北	0.950	1.198	0.979	0.970	1.137
山西	0.986	1.134	0.985	1.001	1.118
内蒙古	0.944	1.108	0.954	0.989	1.046
辽宁	0.985	1.230	0.987	0.999	1.212
吉林	1.016	1.107	1.003	1.014	1.126
黑龙江	1.000	1.075	1.000	1.000	1.075
上海	1.014	1.177	1.000	1.014	1.194
江苏	1.001	1.126	1.000	1.001	1.127
浙江	1.000	1.078	1.000	1.000	1.078
安徽	1.083	1.120	1.033	1.048	1.213
福建	0.997	0.999	0.999	0.999	0.996

续表

省域	技术效率变动 effch	技术变动 techch	纯技术效率变动 pech	规模效率变动 sech	全要素生产率变动 tfpch
江西	0.982	1.072	1.013	0.970	1.053
山东	1.000	1.165	1.000	1.000	1.165
河南	1.006	1.143	1.001	1.005	1.150
湖北	1.072	1.125	1.064	1.007	1.205
湖南	1.000	1.158	1.000	1.000	1.158
广东	1.000	1.152	1.000	1.000	1.152
广西	0.993	1.025	1.000	0.993	1.017
海南	1.000	1.088	1.000	1.000	1.088
重庆	1.000	1.023	1.000	1.000	1.023
四川	1.033	1.207	1.045	0.989	1.247
贵州	1.027	1.091	1.024	1.003	1.120
云南	1.000	1.151	1.000	1.000	1.151
西藏	0.965	0.984	1.000	0.965	0.950
陕西	1.095	1.104	1.096	0.999	1.208
甘肃	1.090	1.023	1.091	1.000	1.116
青海	1.107	1.162	0.982	1.128	1.286
宁夏	0.943	1.064	0.955	0.987	1.003
新疆	1.036	1.074	1.068	0.970	1.112
均值	1.011	1.108	1.009	1.002	1.120

第六章　政府优化科技资源配置案例分析——以绍兴市为例

劳动力价格上升、土地供给不足、环保要求提高,国际贸易中的技术壁垒、绿色壁垒筑高,国内需求升级等等由经济发展阶段演进带来的一系列对企业生存和发展条件要求的变化都说明,单纯依靠要素资源驱动促进经济发展的时代终结,尽快转向依靠技术创新驱动促进经济发展是所有经济主体的理性选择,发达地区的经济发展方式转变更具迫切性。笔者试图以绍兴为样板,调查研究在经济发展方式转变过程中,地方政府如何通过制度创新,使潜在科技要素资源转化为显在要素,使分散的科技要素集聚形成合力,使弱相关资源与强相关资源有效连接共同发挥作用,使各种科技资源占有和支配主体推进科技创新行动从被动变为主动、从短期行为变为长期行为、从应急任务转向发展战略,为以企业为主体的技术创新提供长效制度供给与保障,使区域经济可持续发展形成恒久的优势和动力支撑。

绍兴市是浙江省唯一的"全国技术创新工程示范城市",全国首批四个"重要技术标准研究试点城市"之一,"全国制造业信息化工程重点城市",并已连续六次被授予"全国科技进步先进市"称号。研究绍兴科技资源配置状况具有代表意义和普适价值。调查表明,当前制约科技资源优化配置和合力创新能力提升的有以下因素:配置对象短缺,科技资源总量偏少,高层次科技资源、专门性科技资源稀缺。绍兴市各类人才总量仅占总人口的6.5%,不仅未达到发展中国家工

第六章 政府优化科技资源配置案例分析——以绍兴市为例

业化中后期的一般水平(10%);而且结构低级化较显著,高级技工占技能人才总量的比重不到5%,高学历人才占人才总量的0.2%,高层人才主要分布在教育、文化、卫生领域,而支柱产业、主导产业、新型产业的高层次人才很少。40.7%的企业认为,缺乏人才是制约创新的首要因素。绝大多数创新属于新型适用外观设计,技术含量高、具有核心竞争力、持续增长力的发明专利很少。周边地区高校在调整发展中特别注重适应产业变迁的新局面,专业设置等特别注重积极地加强与当地产业群的融合,但绍兴至今未建立起服务于当地优势产业的高等教育体系。此外,科技资讯、专利代理服务、科技评价论证、技术标准研究等科技中介机构十分匮乏。作为绍兴市技术创新的主体的中小企业拥有科技资源少,这导致公共科技资源配置的马太效应,既远离帕累托标准,又抑制中小企业成长。绍兴中小企业10万多家,规模工业以上企业4000多家,规模以上企业是绍兴经济发展的脊梁和支撑,但是这些企业也是由中小企业发展而来的。据统计,绍兴公共科技资源90%配置在事业单位和规模以上企业,企业高级科技人才95%在规模以上企业。中小企业尤其是民营中小企业缺乏科技资源、缺少科技风险投资支持,制约了中小企业的科技创新活动,从而使绍兴经济持续发展后续乏力。因此,本章以绍兴市为例,从中小企业科技资源需求以及政府科技资源供给角度去分析政府优化科技资源配置。

一、绍兴政府优化科技资源配置理论分析框架

目前关于中小企业科技资源需要政府扶持的原因还没有一个完整的分析框架,虽然罗默(Romer,1990)等对国家技术创新体系的技术设施与微观主体投入等作过论述,但多数研究基本上停留在一事一议的研究阶段。本文在技术创新理论、产业经济学理论研究的基

础之上,结合科技资源和中小企业特征描述的比较分析,提出一个"科技资源—中小企业"特征的二维分析框架,作为中小企业科技资源需要政府扶持原因的理论框架。

(一) 科技资源的基本特征要求政府加大科技投入

科技创新是一项面向未来的事业,随着时间与环境的变化,决定未来科技创新的条件也在发生变化。因此,创新源和创新机会具有不可预测性,没有或很少有历史经验可被用来判断创新的结果(Kanter,1994),科技创新具有不确定性与模糊性的双重特征。不确定性和模糊性存在于企业技术创新的全过程和企业创新活动的每一项任务之中。从技术创新过程来看,创新过程可被看作是一个决策单元的演化系列,企业技术创新过程就是一个在不确定性和模糊性的状况之下不断地提出问题、分析问题、解决问题的决策过程(Cooper & Moor,1979)。从技术创新任务来看,不确定性和模糊性存在于企业技术创新活动的所有任务之中,确定问题和解决问题的方案只是所有任务之中的两项。在创新过程中,随着技术创新进程的推进,收集信息、传递信息、加工信息以及实验的内容也在变化。信息的内容越来越具体,来源越来越集中于内部,量越来越少,性质越来越显性化,探索性任务越来越少,重复性任务越来越多,任务的模糊性和不确定性越来越低(王朝云,2005)。由此观之,科技创新活动本身是一种探索性的活动,任何理论上可行的项目都可能因为实验与试制中各种复杂因素的综合作用,使研究难以为继,失败的概率非常大。这一点导致科技资源投入具有高风险性。

技术创新过程存在的不确定性会导致科技资源浪费。一方面,由于不确定性,各个创新主体不可能得到一个相同的结论,在这种情况下,就要考虑到各种各样的可能性,并且进行各种不同的尝试。而过多地尝试和失败,又会导致创新过程中的资源浪费(王立宏,

第六章 政府优化科技资源配置案例分析——以绍兴市为例

(余仁田、李玲,2007)。

以上分析表明,由于中小企业规模小、实力弱,企业科技财力、物力、人力、组织、信息资源等都较贫乏,这些特征会导致中小企业创新的生理动机和社会动机缺乏。为了使中小企业真正成为市场经济下的创新主体,政府大力进行扶持显得较为迫切。

二、绍兴市中小企业科技资源需求分析

本研究的案例研究将力求探讨以下三个问题:第一,目前绍兴中小企业科技资源具有哪些特征?它们需要政府提供什么样的科技资源?第二,政府对企业科技资源的扶持有什么特征?有哪些地方需要改进?第三,在上述两个步骤之上,推演出更具一般性的理论命题和政策建议。

由于科技资源主要包括科技人力资源、科技财力资源、科技物力资源、科技信息资源以及科技组织资源,因此,本研究的分析也从这五个方面展开讨论。

(一)数据来源

为了提高理论的效度,文章从多个信息来源加深对案例企业的了解。信息来源主要包括:对案例企业与政府职能部门的深度访谈,互联网与中国知识资源全文数据库中关于案例企业的资料介绍等。

1. 深度访谈

根据研究方案设计,研究小组对企业相关管理者、相关职能部门负责人以及行业协会负责人进行了专门访谈。访谈由课题负责人主持,在正式访谈前,课题负责人首先介绍了本课题的研究背景与目的,然后根据访谈前拟定的提纲进行提问;在访谈中,课题组成员还

进行了补充提问；同时，访谈并没有完全局限于访谈提纲中所涉及的问题，而是根据受访者的回答及时对访谈问题进行了调整。

本文的实地访谈分为两个部分，一是对中小企业进行了调研座谈，座谈对象既包括公司老总，也包括负责研发的企业中层；对重点企业，课题组成员亲赴企业进行调研，部分企业则邀其主要负责人或职能部门领导集中座谈。二是对政府相关职能部门进行了调研，由各县（市、区）的组织部门领导牵头，邀请主管工业的副县（市）长以及发改委、经贸局、工商局、财税局、科技局、质量技术监督管理局等多个部门的领导参加座谈。

2. 资料搜集

课题组成员搜集了大量文件资料，包括案例企业负责人的讲话资料、内部报刊和内部网站上的信息，同时通过 Google 和中国期刊全文数据库搜集了关于案例企业的公开资料。

3. 数据编码

数据分析的目的在于从大量的定性数据中提炼主题。这一过程类似于定量数据研究中的因子分析（Lee,1999；近榕等,2004）。在进行数据分析时，我们遵循了吴春波等（2009）的做法。首先对所有受访企业的文本资料进行了编号，然后以渐进的方式对访谈资料进行整理分析。在进行编码时，首先由一位研究人员进行初次编码，由于企业科技物力资源、财力资源、人力资源、信息资源与组织资源的维度较多，在编码时首先将受访企业提供的内容编码到相应的子维度中，然后由课题组人员针对每一条科技资源编码的准确性逐一进行讨论，对于有异议的地方反复沟通，最后在征得课题组人员全体同意后再确定所对应的科技资源行为子维度。在确定科技资源所在的子维度后，课题组人员将每个子维度归类为科技物力资源、财力资源、人力资源、信息资源与组织资源。

在对企业科技资源进行编码时，我们发现企业科技物力资源与科技财力资源在内容构成上有很多的相似之处。对此,我们采用了两个措施。第一,我们严格参照已有研究成果对科技物力资源与科技财力资源的定义进行归类。第二,在对企业的这两种科技资源的表象进行分析与讨论时,由于其相同的原因多,我们则将其进行了综合分析。另外,由于企业科技资源的五个组成部分都应由相应的子维度构成,在编码过程中,我们参照吴春波等(2009)的做法,对每一项科技资源至少要有三条行为特征的子维度。换言之,如果每项科技资源的子维度越多,则其所表现出来的特征就越有说服力。

4. 调研企业概况

由于我们的主要目的是探讨中小企业科技资源的需求特征,因此,在具体的样本选择过程中我们主要遵循了以下选择标准。第一,所调查的企业尽可能具有行业代表性;第二,既有中型企业,也有小型企业;第三,有科技资源建设相对完备的企业;第四,有科技资源建设不太完备的企业。

第一条标准是为了满足探讨不同行业的中小企业科技资源需求的一些共同特征;第二条标准是严格适应于本课题的研究范围;第三、四条标准是为了知晓在科技资源建设中不同的企业所面临的不同困难与处境,从而为政府提出不同对策提供事实依据。

最终,我们根据这四项标准,对以下企业(见表6-1)的科技资源拥有情况及其需求特征进行了调研。[1]

---

[1] 2003年,由国家经贸委、国家发改委、国家财政部、国家统计局四部门共同制定了新的《中小企业标准暂行规定》。工业,中小型企业须符合以下条件:职工人数2000人以下,或销售额30000万元以下,或资产总额为40000万元以下;其中,中型企业须同时满足职工人数300人及以上,销售额3000万元及以上,资产总额4000万元及以上;其余为小型企业。建筑业,中小型企业须符合以下条件:职工人数3000人以下,或销售额30000万元以下,或资产总额40000万元以下;其中,中型企业须同时满足职工人数600人及以上,销售额3000万元及以上,资产总额4000万元及以上;其余为小型企业。此外,零售批发、交通运输、邮政、住宿和餐饮业等行业在新标准中也有相应规定。

表 6-1　被调研企业概况

	企业	基本状况	主要领导
1	浙化联	1984 年建厂,聚合纤维生产企业	总经理
2	稽山印染	1986 年成立,以传统纺织印染为主	董事长
3	中纺新天龙	1999 年成立,女装高档面料生产企业	总经理
4	美邦纺织	2003 年成立,无缝内衣生产企业	董事长
5	蓝翔仪表	1997 年成立,仪器仪表生产企业	总经理
6	仟代领带	1999 年成立,领带生产企业	董事长
7	长生鸟珍珠	2003 年成立,纳米珍珠粉生产企业	董事长
8	苏珀尔制药	2002 年成立,制药企业	董事长
9	中科白云	2004 年建立,精细化工生产企业	董事长
10	越剑公司	1976 年创建,机械制造企业	总经理
11	灵超服饰	2004 年创建,纺织服装企业	董事长
12	天洋公司	2003 年成立,电器公司	董事长
13	越发制造	1992 年创办,针织机械公司	董事长
14	天乐集团	1974 年创建,电子信息企业	董事长
15	德依建材	2003 年创建,绍兴市中小型企业	总经理
16	家尔雅制衣	2004 年创建,绍兴市中小型企业	总经理
17	耀宇纺织	2002 年成立,绍兴市中小型企业	总经理

(二) 案例发现

1. 中小企业科技资源特征

(1) 科技财力物力资源特点

由于科技财力资源与物力资源的相似性颇多,在调研中,我们将二者综合起来进行描述。我们的调研主要集中在以下三个方面:① 目前中小企业的成本、销售、利润情况怎样？② 企业的资金来源渠道有哪些特征？③ 企业每年投入科技资源的情况如何？

调查发现:首先绍兴中小企业多为劳动力密集型企业,随着劳动力成本的上升,其直接生产成本也迅速上升。面对目前的民工荒,为

第六章 政府优化科技资源配置案例分析——以绍兴市为例

了找到足够的劳动力,企业只有支付更多的工资、改善劳动条件等,从而增加了企业的成本。其次,目前绍兴中小企业的营销方式也存在很大的缺陷。现代市场营销需要大量的投入,如广告宣传、市场促销和售后服务均需要大量的集中投入。中小企业由于规模较小而难以承受,这使得绝大多数中小企业产品缺乏知名度和竞争力,产品销售区域狭小,限制了中小企业的发展。由于成本上升与营销渠道缺陷,导致中小企业利润不高。调查发现,17个中小企业有13个的年利润不超过5%,而其余4个企业的年利润也没有超过10%。

目前绍兴中小企业资金主要由自有资金、合股经营、贷款、民间借贷4方面组成,自有资金是绍兴中小企业资金的首要来源。调查发现,和国内其他地区的中小企业一样,绍兴中小企业也存在贷款难的现象。由于中小企业本身的投资和资产数量就很小,如果生产经营一旦出现意外,就将血本无归,银行的贷款就会成为呆账。所以,银行在贷款时往往谨小慎微,要求很高,手续很繁杂,并且要有相应的企业担保,而寻求担保又是企业实现贷款的一道高高的门槛,获得经济担保的概率很低。因此,多数银行不愿贷款给中小企业,即使企业在耗费很大的精力后所获得的也只能是小额的、短期的贷款。由于民间借贷借贷方便、手续简便、资金筹集时间短、速度快、能很快解决企业的资金的困难,因而中小企业在接到较大订单后的资金筹集,基本都采用民间借贷方式解燃眉之急。

绍兴中小企业由于财力物力较弱,故投入到科技上的财力物力也较为稀缺。我们的调查表明,从科技经费投入看,17家案例企业都有研发经费投入,其中有10家企业R&D投入水平在3%以上,但是也有7家企业R&D投入强度不足3%,其中3家企业R&D投入低于1%,与国外相比有较大差距。由于中小企业本身财力物力资源有限,而投入到科技上的财力物力资源又不高,这就导致了其科技财力物力资源的严重不足。

（2）中小企业科技人力资源特点

对于中小企业科技人力资源的调研,我们主要围绕以下问题进行。首先,企业科技人力资源的综合素质怎样?其次,企业对这些人力资源如何进行管理?再次,中小企业能否留得住科技人才?我们的调研发现,中小企业科技人力资源呈现以下特征。

第一,中小企业科技人才素质偏低。我们发现,在研发人才的职称结构中,副高以上的研发人员不多,而具有初、中级职称和没有职称的研发人员占据研发的大多数。在学历结构中,具有博士学位和硕士学位的研发人员不多,有博士学位的研发人员尤为稀缺,而学士学位和没有学位的研发人员就占到研发人员总数的绝对多数。对于没有一定的技术创新阅历和经验、没有合理的知识结构和实验技能的低层次的研发人员来说,在技术创新方面要有重大的突破,则是非常困难的。

第二,科技人才管理体制落后。调查显示,案例企业的科技人力资源开发与管理的总体水平偏低,家庭式管理非常普遍,一些企业的管理者不能善于识别人才,重视人才,制约了现有科技人才能力的发挥,挫伤了他们的工作积极性;有些企业的环境不利于科技人才的自身发展,工作挑战性不足,有能力、高素质的人才就难以得到发展的契机,他们就有可能会跳槽去选择环境较好的企业。

第三,科技人才流失严重。我们的调查表明,案例企业科技人才流失呈现出"流向外企或国内大企业、高级人才流失严重、年轻人才流失比率高"三个特征。首先是外资与国内大型企业由于资金和实力雄厚,企业发展前景明朗,提供的待遇福利高,制度完善,或其人才的发展前途优于中小企业等原因,从而对人才形成很大的吸引力,导致人才主动流向外资跟国企等大型企业,或被他们以高薪挖走。其次是高级人才流失比重大。高级人才如在一个中小企业干了较长的一段时间后,仍未获得提升或觉得自己在该企业的发展前景不明朗等,就会选择离开该企业。这是因为高级人才拥有丰富经验或高超的技术等优越的条件,不愁找不到工作。再次是年轻人才流失比率高。这是因为年轻人学习能力强,自身适应性强,对企业的依附性小强,家庭负担相对较小,在跳槽时需考虑的机会成本相对较小,他们选择跳槽时的顾虑相对少于别人,这在一定程度上是年轻人跳槽频率较年长者高的一个原因。

(3) 科技信息资源特征

我们对于中小企业科技信息资源的调研,围绕两个问题展开。① 企业科技信息资源投入情况怎样? ② 企业科技信息资源利用情况如何? 调查发现,绍兴中小企业科技信息资源存在资金投入不足、信息化人才缺乏、信息资源利用不充分、信息开发覆盖面较窄四个方面特征。

第一,资金投入不足。发达国家在企业信息资源共享方面的投资占总资产的比例较高,我国则较低。中小企业规模小、利润低,对企业信息资源共享投资的敏感程度远小于大企业。而目前国内ERP、OA、CRM 等信息化软件市场上,比较成熟的主要还是高端产品,高昂的软硬件成本初始投入及后续的二次开发、运行中的系统维护、更新和管理费用,令许多中小企业望而却步。这导致在实现企业信息资源共享方面出现两极分化现象:大型、巨型企业有实力斥巨资自己搭建信息化平台,享用先进的企业信息化服务,在竞争中更具优势;而更多的中小企业因无力承担高昂的信息化成本而愈加处于竞争劣势。

第二,信息化人才缺乏。缺少复合型专业人员,人员结构不合理。信息人员只能对信息作简单的整理等表面性工作,人员结构也存在着严重的不合理性,这影响了信息科研的力度。企业网站信息更新率低,不善于利用网络资源。人才对于任何企业都是宝贵的资源和财富,对于实现企业信息资源共享来说更是如此。对于大企业,它们有雄厚的资金和极强的吸引力来吸引优秀的信息人才,而这对于大部分中小企业则可望而不可求。

第三,信息技术应用水平较低、信息资源利用不充分。我国中小型企业在信息化建设中普遍存在重硬件、轻软件的问题。信息技术落后,信息硬件设备的占有和信息资源管理水平的提高并没有直接联系。信息硬件设备只有与业务软件系统相结合才能有效发挥作用,但现实中硬件和软件投资比例并不协调。以数据库系统为例,大多数中小企业没有建立统一共享的中央数据库,各个部门自成体系,数据库资源建设与数据资源不足的现象并存,缺乏友好的信息系统运行的基础数据环境,信息价值的转换机制不完善,不能有效地利用信息资源。

第四,企业信息资源开发覆盖面窄。在中小企业信息化建设过程中,其数据库的开发主要集中在产品信息、用户信息、财务信息等基础信息资源的开发上,而对提高企业核心竞争力的信息资源如技术创新性信息、国家政策法规信息、科技信息和企业内部的技术实力、销售能力等信息的开发利用较少。而且竞争情报信息资源的获取较零散,对网络信息资源的开发也不足,这导致了企业的决策缺乏有价值的信息。

(4)科技组织资源

对于中小企业科技组织资源,我们围绕三个问题展开调研。首先,企业研发机构与研发模式具有哪些特征?其次,企业科技组织资源的管理机制怎样?再次,企业知识产权保护有哪些特征?

关于企业的研发机构,我们的调查发现:首先,有3家小型企业没有研发机构。这些企业主要是代工生产,企业以生产为主,遇到技术难题则将生产员工集合起来解决或借助外面力量解决。14家企业虽有自己的研发机构,但其研发是以技术跟随为主,有少量引进开发。我们的调查还发现:由于中小企业研发机构较弱,其引进技术主要来自高校与科研院所,在研发合作对象选择上,绝大多数的企业首选是高校、科研院所,且跟省内高校、科研院所的合作要多于省外。

第六章 政府优化科技资源配置案例分析——以绍兴市为例

其次是科技组织资源的机制不合理、不健全。在中小企业科技人力资源的调研就已表明,部分中小企业的用人机制存在着严重的论资排辈现象,科技人才"出头"机会较少,造成科技人力资源严重浪费。甚至有些中小企业在创建初期大多使用家族式管理模式,"任人唯亲",严重打击科技人才积极性,进而使其产生另谋新东家的想法。同时,部分中小企业没有把科技人力资源开发作为长期的重要发展战略,不重视对科技人才的培训,只注重科技人才对企业的贡献而忽视了人才的自身需求,使人才看不到成长的空间、在掌握一定技能后往往跳槽。

再次是知识产权难以得到保护。调查表明,绍兴中小企业的知识产权保护意识不强,申请专利项目少,获取专利项目则更少。案例企业有超过70%的技术创新没有申请专利,实际提出申请专利的项目占完成项目的比例不到30%,实际获得技术创新专利或知识产权的项目占完成项目的比例不到25%。尽管获得技术专利项目的比例与提出申请专利项目的数量比较基本符合目前国际比例的标准(即获得专利项目数占申请专利项目数的20%左右),但申请专利的项目占完成创新项目的比例则非常低,这充分说明了绍兴中小企业知识产权保护意识不强,技术专利观念淡薄,缺乏在市场经济条件下的自主知识产权保护意识。

2. 中小企业对政府科技资源支持的需求特征

本部分的调研主要从四个方面展开。首先,企业是否了解目前政府的科技资源支持政策,政府支持政策的执行力怎样?其次,目前企业科技资源是否能满足其需求?再次,需要政府从哪些方面对企业科技资源给予支持?

就政府的科技资源支持政策而言,我们的调查发现,目前政府扶持政策的执行力有待提高。第一,部分企业对优惠政策不了解。由于信息不对称,有不少企业对技术开发费用的优惠政策不了解,有的虽了解但不知道办理的手续和程序。其次,部分优惠政策难落实。在实践过程中,一些优惠扶持政策往往不能兑现,企业对此颇有微词,这在一定程度上挫伤了企业研发的积极性。再次,由于浙江省实行的是"市县分灶"、市县各自独立与省财政结算的财政体制,绍兴市与所辖各县没有对应的财政结算关系。所以,绍兴市出台的科技政策对各县(市)只有"理论上的指导意义",在现实中各县(市)并不落实。而各县(市)根据各自的情况制定的科技优惠奖励政策,由于财政收入和支持力度大小的差异,其落实情况也差别较大,落实程度取决于财政科技支出额度的多少。

就企业科技资源发展所遇困难以及企业所需政府支持而言,我们的调查表明:绍兴中小企业迫切需要政府给予科技财力物力方面的支持,如科技资金的投入、税制的优惠、先进科技设备进口的优惠等;企业科技资源发展所遇到的制度困难主要体现在政府政策的落实,以及政府科技体制管理的改善等诸多方面;相应的,企业领导人需要政府的资助主要体现在政策的落实与实施过程的公正等方面;企业科技人力资源、信息资源、组织资源的发展也迫切需要政府给予支持(见表6-2)。

表6-2　中小企业科技资源的需求内容

类别	所遇到的困难	需要政府支持的内容
科技财力物力资源	科技资金投入大、创新风险大	政府对财政、税收、信贷等多领域进行全方位资金支持
	政府税收减免力度太小	加大税收减免力度与财政补贴力度
	科技优惠难于惠及下面的县(市)	科技支持要一视同仁
	科技奖励有重复现象	整合部门科技资源,杜绝重复奖励
	正外部性很强的科技有利于别的企业太多,自己没办法得到补偿	加强政府投入
	生产工艺与技术革新难于得到奖励	不能只考虑产品创新支持,也要奖励生产工艺与技术革新
	海关对没有目录的先进设备进口不给予优惠,各海关相互之间政策不统一,致使企业进口先进设备时付费较多	需要政府加强对各海关的管理
	没有申请到的专利产品难得到奖励	政府应奖励没有申请到的专利产品

续表

类别	所遇到的困难	需要政府支持的内容
科技人力资源	留住高层次人才难	在高级人才的住房、子女就学、社会保障与社会地位等多个方面需要政府支持
科技信息资源	部分科技政策没有落实或落实不够	加强宣传落实、整合部门科技资源
科技信息资源	科技信息成本高	建立公共科技信息中心
科技组织资源	企业发展初期科技机构有生存困难	科技支持要划分阶段，政府应支持企业初始阶段科技；重视中小企业科技支持
科技组织资源	专利保护措施不够	加强知识产权保护力度
科技组织资源	合作创新信任成本高	加强对合作创新的监管

(三)案例讨论及启示

1. 科技资源投入的战略性特征与政府的支持体系

科技资源是企业组织创新行为的物质基础，企业组织科技资源拥有状况是影响其创新行为的前提条件。一般来说，创新需要一定的投入，同时也承担相应的风险，所以企业组织必须考虑和分析它们三者之间的关系，选择一个最有利的方案。如果不需创新投入，而且没有其他风险就能够获得收益，那么就没有任何企业组织会愿意创新。如果创新带来的收益不足以弥补因此而带来的风险(诉讼或法律制裁带来的风险)，企业会放弃这样的收益。如果创新带来的收益不能弥补创新的投入，企业也不会去进行创新投入。只有在创新的收入大于创新投入和风险(创新可能会失败的风险)时，企业才有可能考虑进行创新投入。当企业规模较小，拥有的资源较少时，企业组织无力进行创新行为。对于中小企业而言，占有的资源极为有限，因而缺乏创新的生理性动机(邹纯和，2008)；规模上的劣势使其在成本上也处于劣势，加之消化和抵御风险的能力较差，其创新的生理性动机缺乏。

从案例企业的调研可以看出,政府并未对中小企业科技资源的发展提供较多的支持。中国中小企业面临的最主要障碍是金融支持严重不足,大多数私营中小企业是由私人投资创立的,企业扩大产能、加强技术研发、促进内部管理优化以及构建营销渠道,都需要进行资金融通,但是目前的融资体系使得私营中小企业很难在资本市场上获得足够的资金。金融市场的发展使上市融资成为企业发展的一个途径,但是对于大多数资金需求量较小的中小企业来说,上市的交易成本和信息公开的成本使上市融资成为不可行的途径。中国人民银行2006年的调查表明,中小企业股票融资仅占其国内融资总量的1%左右。

在我国科技兴国战略的引导下,政府集中扶持大型企业的技术创新活动,对中小企业的科技资源投入不够,其只能依靠自己有限的科技资源进行研发,在利润率不断下降的情况下,这些企业的研发活动常常停滞不前。中小企业研发项目投资如得不到政府科技资源的投入,则难以形成整体创新优势,不仅企业研发目标难以实现,甚至会破坏已有研发资源的合理配置。前面的调研表明,目前绍兴中小企业科技资源拥有状况不利于其研发活动的发展,对中小企业科技资源的扶持涉及政府投融资体系、制度体系、人才体系、中介体系等诸多方面。因此,我们认为:

启示1a:政府应建立与完善一系列的研发支持体系如投融资体系、制度体系、人才体系、中介体系。这些体系应由多个相互联系、相互依赖、相互作用、相互制约的主体要素集合而成,具有从研发到产品,最终实现商业价值的整体功能。

前面的调研发现表明,目前仍存在部分企业不知晓政府科技资源投入的优惠政策、扶持政策没有落实或落实不够、科技资源存在重复投入等不良现象。造成这些现象的原因是目前绍兴有多个部门在管理企业技术创新,这些部门不仅存在机构重叠,也存在"政出多门"

第六章 政府优化科技资源配置案例分析——以绍兴市为例

的现象,致使对企业研发政策的宣传不够,对研发的补贴存在着多补、少补现象,不仅浪费政府资源,也使政府支持企业的部分政策不能落实到位。因此,我们认为:

启示1b:整合目前绍兴各部门科技资源,成立绍兴大科技组织,由主管科技工作的政府领导牵头任组长,成员包括拥有科技资源的各部门主要负责人。由该组织对绍兴市科技发展中的重大战略、总体规划、方针政策、重大项目等进行领导、决策、协调。

2. 差异化的科技资源扶持政策

(1) 科技人力资源的扶持政策

前面的调研发现表明,目前绍兴中小企业科技人力资源主要呈现科技人才素质偏低、科技人才管理体制落后、科技人才流失严重等特点。造成这些特点的原因主要有以下几个方面。

首先是社会环境因素。我国现今的人才流动较之计划经济时代有了相当的进步和发展,人力资源也可以和其他资源一样在市场上自由流动。在这种人员流动相对宽松的制度下,中小企业在合理配置科技人力资源的同时,保持住员工队伍的稳定、避免和减少由于科技员工的流失而带来的一系列损失就显得更加重要也更加困难。中小企业大多处于原始积累阶段,往往忽视科技人才的个人利益和事业发展,对科技人才要求得多,给予得少,而知识性人才往往都渴望个人价值的实现,这种忽视与渴望必然会形成矛盾。

其次,没有建立有效的激励机制。科技型中小企业关键人才流失的原因多种多样,但其中很重要一点是企业没有针对人才建立有效的激励机制,导致人才的忠诚度不高。目前,我国科技型中小企业普遍缺乏有效的激励机制,造成人才的流失。一些科技型中小企业只注重对高层管理层进行激励,而忽视对其他人员的激励;一些企业激励手段单一,有的只是单一的物质激励,忽视精神激励,而不同的人在不同的时期会有不同的欲望,单一激励很难产生持续的激励效果。一些企业的激励制度不健全,对员工激励的主观性强,不公平现象很容易产生,导致员工产生不满。而科技型人才比一般员工更容易由于待遇不公或期望得不到满足而产生不满甚至对抗情绪,他们的忠诚并非针对公司而是针对自己的专业,因此当他们产生不满时很可能另谋出路。

再次,中小企业科技人才待遇偏低。在一切以商品交换方式作为基本交易准则的社会里,薪酬始终是一个极为重要的影响因素,因为员工的薪酬决定了他的经济与社会地位,关系到他的生活质量与活动空间,关系到他的一切。中小企业由于规模较小,财力有限,不仅无法满足企业科技人才的基本待遇,而且由于实行家长制管理,使科技人才待遇的内部公平性存在问题,付出与得到不成正比,而科技人才期望的基本薪资待遇以外的更多方面的生活保障则更加不能得到落实。因此,我们认为:

启示 2a:政府应建立战略导向型的人力资源管理体系,建立完善的科技人才培训体系,营造重视科技人才的社会环境。

(2) 科技财力物力资源的支持体系

首先从统计角度分析,一个地区的研发投资越多,地区的投资效益越高,这是一种趋于大范围的统计结果,但一个企业不可能进行上千次的投资来实现研发投资目标。对单一企业而言,研发投资收益往往趋于偏态分布状态。在企业的研发产品和工序中,只有少数获得成功,大部分研发则毫无用处,即便获取专利,仍然得不到相应的效益。研发投资收益的偏态分布表明,研发投入多寡与研发投资收益不一定是正相关,表明"研发投资 = 高风险"。

其次,在尖端技术领域,为追赶技术的不断升级,企业研发投资是一个持续性、积累性投资。即便在前卫性稍差一点的技术领域,研发过程也是一个持续投资的过程,因为原创性研发需要知识和经验的反复积累,失败为成功积累了经验,研发经验的积累过程意味着企业研发资金的持续投入过程。因此,研发的初始投入和后续投入同样重要。然而,在企业研发的初始投入时期,企业实力小,资金相对稀缺,研发的高额投资需要巨额资金(如昂贵的研发设备、高薪聘用研发人员),企业一旦巨资投入,研发的高风险性又使企业面临生存风险。

前面的调研分析表明,由于绍兴案例中小企业财力物力较弱,故投入到研发上的资金更为稀缺,从而使科技财力物力资源较少。根据以上分析,我么可以得到如下启示:

启示 2b:政府应加大对企业自主创新的各种经费支持,增设促进企业自主创新的专项资金;建立多层次的财税扶持政策,包括税收优惠、费用减免等;继续争取各类银行对企业研发的支持;鼓励并支持绍兴有条件的企业进入创业板市场融资。

(3) 科技信息资源的扶持政策

我们的调研发现表明,案例中小企业科技信息资源呈现资金投入不足、信息化人才缺乏、信息资源利用不充分、企业信息资源开发覆盖面窄等四个方面的特点。我们认为,除了企业科技人财物资源相对缺乏外,还存在以下一些方面的原因。

首先是中小企业领导人认识不高。大部分中小企业仍然认为,能够有基本的网络设备以及信息终端,就算是实现了信息化,就算实现了企业信息资源的共享;重硬件,轻软件,也认识不到企业科技信息资源的应用是提高企业技术创新效率的必要条件,从而导致科技信息资源投入不足。绍兴中小企业的部分领导者缺乏睿智的信息意识,长期以来形成的单凭主观感觉和经验进行工作的习惯还远未消除。另外,一些企业领导对管理存有误区,认为企业的发展,效益的提高,靠产权制度改革和外延扩张取得,只要有良好的外部环境即可,把深化改革与加强管理对立起来,对企业信息资源共享工作缺乏长远考虑和财力、物力及人力等方面的配合与支持。不重视企业信息资源共享工作,对建立有关的信息系统没有热情,由此导致企业决策失误,企业在竞争中失利,甚至破产倒闭。从科技信息机构在案例企业中的地位来看,有以下几种方式:部门附属式,即科技信息机构附属于企业的某一部门;部门平行式,即科技信息机构和企业的其他部门处于平等地位;信息中心式,即科技信息机构直接处于企业经理(或副经理)的领导之下,比其他部门具有更重要的地位。目前案例企业的科技信息机构在企业中的地位主要是部门平行的方式,还有不少企业仍是部门附属的方式,科技信息机构地位比较低。

其次是由于科技资源投资的正外部性。科技信息资源的正外部性主要体现在科技的"知识溢出"作用。当一个企业开发了新科技信息,不仅会使自己的企业受益,而且会使本行业受益。因为行业内企业之间的人才流动与信息交流会使其他企业也得到提高。因此,行业科技信息中心与企业科技信息中心之间目标不一致。行业科技信息中心的目的是为了发挥科技信息成果的外部性,尽可能放大科技信息的社会效益;而作为企业,出于市场竞争考虑,必须抑制科技信息的外部性,阻止信息的扩散与推广。鉴于上述分析,我们有如下启示:

启示 2c:政府应帮助企业重视科技信息资源建设,着力于推进企业科技信息资源的推广;对于科技信息资源投入较大的企业,应给予一定的优惠以激励其进行资源共享。

(4) 科技组织资源的扶持政策

企业的研发投资是一种持续性投资,技术驱动型行业更是如此,既包括初始投入,又包括后续投入。要想让一个技术创新真正获得商业价值,必须在一个技术方向上专注地、在一段时间内相当持续地投入。一般高新技术大型研发项目的初始投入和后续投入都很大,而且随着新技术不断升级,不仅需要对新技术与产品进行跟踪,还要对下一代技术进行跟踪研发与论证,以便适应新技术的快速发展;一旦停止对新技术的后续投资,前期投资也就报废。因此,研发的初始投入和后续投入同样重要。中小企业由于实力小,资金相对稀缺,研发的高额投资需要巨额资金,企业一旦巨资投入,由于研发的高风险性,企业又将面临生存风险。在企业的技术研发上,很多先进的技术在国外早就有了,并且很成熟,购买也是相当便宜,对于中小企业来说,因为融资一直十分艰难,所以每一分钱都很重要,一定要把钱花在刀刃上。如果企业花大量的资金进行技术的研发和创新,到最后很有可能会导致利润下降,从而使企业无法盈利,最终企业也不得不放弃研发。有鉴于此,我们认为:

启示 2d:政府应鼓励中小企业采取灵活多样的研发模式,帮助中小企业进行产学研联合研发。

产学研联合研发模式可以发挥各方的优势,降低研发成本,大大提高产品从研发到市场的转化速度,但容易出现知识产权归属纠纷和技术外溢。就一般而言,无形资产具有非竞争性,它可以同时用于不同的用途,在一个地方使用无形资产并不会妨碍它在其他地方的使用。因此,大多数无形资产的使用的机会成本是微乎其微的。研发投资不仅投入巨大,而且需要后续与持续的投入,而生产这一产品的边际产品成本甚微。我们的调查发现,阻碍绍兴中小企业进行产学研联合研发的重要原因之一就是知识产权难以得到保护。因此,我们有如下启示:

启示 2e:政府应帮助企业实施知识产权战略,通过实施知识管理制度,营造开发和获取知识产权的氛围,并规范和保障企业知识产权的建立过程,对知识产权受到侵权的企业,政府要运用法律的武器帮助企业捍卫权利。

(四)小结

本节在中小企业科技资源需要政府扶持原因的分析框架之上,选择绍兴17家有代表性的中小企业进行了一个案例研究,通过考察中小企业科技资源的特征,最后得出了政府应在中小企业科技资源发展中应该采取哪些重要措施。文章的研究结论可以概括如下:

第一,科技资源具有高风险性、加速贬值性、相关性以及效益的滞后性,故需要政府进行投入。由于中小企业规模小、实力弱,这些特征会导致中小企业创新的生理动机和社会动机缺乏,为了使中小企业真正成为市场经济下的创新主体,政府大力进行扶持显得较为迫切。

第二,目前中小企业科技资源具有以下特征:科技财力物力资源较弱;科技人才素质偏低且流失严重、人才管理体制落后;科技信息资源水平低、利用不充分、覆盖面窄;科技研发机构实力弱、科技组织资源机制不合理、企业知识产权难以得到保护等。

第三,从科技资源投入的战略性特征与政府的支持体系角度进行分析,政府应建立与完善一系列的研发支持体系,如投融资体系、制度体系、人才体系、中介体系。这些体系应由多个相互联系、相互依赖、相互作用、相互制约的主体要素集合而成,具有实现从研发到产品,最终实现商业价值整体功能和综合行为的统一体。从差异化的科技资源扶持政策这个角度进行分析,政府应建立战略导向型的人力资源管理体系,建立完善的科技人才培训体系,营造重视科技人才的社会环境;加大对企业自主创新的各种经费支持;帮助企业重视科技信息资源建设,着力于推进企业科技信息资源的推广;鼓励中小企业采取灵活多样的研发模式,帮助中小企业进行产学研联合研发,帮助企业实施知识产权战略。

第六章 政府优化科技资源配置案例分析——以绍兴市为例

三、绍兴市科技资源的政府供给状况分析

　　加快转变经济发展方式,是当前和今后一个时期坚持和落实科学发展观的重中之重。科技进步、人才集聚和管理创新对于转变经济发展方式意义重大。科技资源是科技创新主体为实现经济和社会效益而用于科技创新活动的各种资源的总和。在转型升级背景下,科技资源在经济发展方式转变中更具有特殊意义,其分布状态和整合利用直接影响科技进步、人才集聚和管理创新。

　　这一问题的逻辑起点在于,科技资源何在？若从内涵看,科技资源主要包括人力资源、财力资源、物质资源、信息资源等要素,具有创新性、原动性、增值性、竞争性、专属性、稀缺性等属性。这些资源只有真正被利用起来才能发挥效用,假如没有被利用或者利用不好就不是资源。以发展的眼光看,它是散落的、动态的、不确定的,在分布上呈现出社会化特征。本质上,科技资源无处不在。在市场经济体制下,政府担负宏观调控职责,主要通过协调和服务组织、引导和促进经济社会发展。因此,社会化分布的科技资源,集中在政府及其所属部门;政府通过配置科技资源促进、推动经济转型升级、科技创新发展和社会文明进步。

(一)相关主体科技职能强度实证分析

　　政府是一个有机的组织系统,它通过部门分工、职能分配和资源分派,管理经济社会活动。本节试图以绍兴市政府为例,分析探讨其各职能局办与科技资源分布的相关性,以期树立"大科技"理念、提升"大资源"意识,实现合力创新。

　　"创业创新,走在前列"是绍兴经济社会发展的总战略。与经济发展相适应,绍兴作为长三角前沿城市,在科技创新方面也取得了较

大成绩,是2007年全国最具创新力城市10强、中国综合创新力50强。以绍兴为例探讨科技资源及相关问题具有典型性。

从狭义上讲,科技资源主要集中在政府的科技部门和发改委、经贸委、教育局等局办。如前所述内涵和特征,分析科技资源主要相关部门,可以发现评价科技资源的主要指标大致有10个方面,即信息服务、评奖评优、税收优惠及补贴、产业政策导向、市场准入、相关投资、科技项目、人才培养、政府调控和政策调控。

信息服务:就是政府或者政府引导建立以大型仪器设备等各种科技资源共享平台,包括市场化科技成果转化应用工作平台,对分散在不同资源控制主体的科技资源进行集中建设、公共服务、信息收集、评价、选择、组织、存贮,使之有序化,成为方便利用的形式,通过传播信息、交流信息、实现信息增值的一项活动。

评奖评优:就是为了奖励在科学技术进步活动中作出突出贡献的公民、组织,调动科学技术工作者的积极性和创造性,政府在科学技术创新、科学技术成果转化、应用推广先进科学技术成果等方面设置奖项,开展评奖评优活动。

税收优惠及补贴:就是为了配合国家在一定时期的政治、经济和社会发展总目标,加快科技创新步伐,政府利用税收制度,按预定目的,在税收方面相应采取的激励和照顾措施,以减轻某些纳税人应履行的纳税义务来补贴纳税人的某些活动或相应的纳税人。

产业政策导向:就是政府根据社会经济发展中产品变动的总体趋势及产业结构的特点和发展来选择处于上升、扩展阶段的产业、行业等,综合运用产业发展规划、行业中长期规划,以及专项发展计划等手段,引导和鼓励企业提升生产经营科学化水平。

市场准入:就是政府根据一定的要求和标准,建立严格的资格审查或市场准入制度,允许符合要求的企业参与市场的程度。

相关投资:就是围绕经济、社会发展领域的重大技术、关键技术

第六章 政府优化科技资源配置案例分析——以绍兴市为例

问题,政府确定科技项目或研究方向,积极发动全社会力量来组织申报、研究。

科技项目:就是政府研究提出全社会固定资产投资总规模,规划重大项目的布局,提出财政性建设资金规模和投向,并协调引导其他投资资金的投向,纳入投资计划管理。

人才培养:就是以提升素质、促进科技创新为目的,政府对科技人才进行教育、培训的过程。

政府调控:就是政府以科技、财税、金融部门为主,以间接手段调控引导科技资源优化配置,鼓励和限制相关科技项目、发展方向等。

政策调控:就是政府以政策为手段,通过制定、修订,实行、施行、废止等间接手段调控引导科技资源优化配置,鼓励和限制相关科技项目、发展方向等。

以上述10个方面的评价指标为参照,我们对绍兴市政府42个局办职能做了逐一统计分析。从中发现,科技资源真实地分布在各局办,远远不止于科技局,也远远不止于与科技紧密相关的发改委、经贸委、人事局和教育局,同样分布在市政府办公室、劳动社会保障局、人口与计生委等部门,即便看似与科技毫不相关的台办、体育局等局办中也存在一些宝贵的资源。如下表6-3和表6-4所示:

表 6-3 绍兴市人民政府台湾事务办公室职能科技资源相关性指标分析

职能内容	信息服务	评奖评优	税收优惠及补贴	产业政策导向	市场准入	相关投资	科技项目	人才培养	政府调控	政策调控	相关性
1. 贯彻执行中央对台工作方针政策和上级业务部门及市委、市政府涉台工作部署,组织、指导、管理、协调全市各级、各部门的对台工作	√			√	√						弱相关
2. 归口管理涉台工作,起草我市涉台事务方面的有关规定											不相关
3. 会同有关部门统筹协调和指导全市对台经贸文化、科技考察和交流等方面的交流与合作,组织赴台经贸考察和交流互访,负责全市赴台前教育工作,负责文化考察和交流项目的立项、审核、申报及行前教育工作,组织管理,组织管理,指导全市对台经济工作的综合协调,组织管理,指导全市对台招商引资工作							√	√	√		强相关
4. 指导、配合有关部门做好来绍台胞的接管理工作,协调处理台胞、台属来信来访											不相关
5. 负责全市对台宣传、涉台教育工作,做好反渗透、拒腐蚀工作											不相关
6. 协调处理全市涉台重大活动和重大事件											不相关
7. 负责《中华人民共和国台同胞投资保护法》及《实施细则》的执法检查											不相关
8. 办理市委、市政府和上级台办交办的其他工作											不相关

第六章 政府优化科技资源配置案例分析——以绍兴市为例

表 6-4 绍兴市体育局职能科技资源相关性指标分析

评价指标 职能内容	信息服务	评奖评优	税收优惠及补贴	产业政策导向	市场准入	相关投资	科技项目	人才培养	政府调控	政策调整	相关性
1. 贯彻执行国家、省有关体育工作的方针政策											不相关
2. 研究制定全市体育发展战略目标和发展规划,并组织实施和监督检查				√							弱相关
3. 组织实施《奥运争光计划纲要》;指导落实《全民健身计划纲要》											不相关
4. 发展体育产业;指导监督直属单位财务工作,指导市体育总会、各单项运动协会和体育协会开展工作;指导管理全市体育外事工作											不相关
5. 加强行业精神文明建设和干部职工队伍建设;建设高素质教练员、运动员,社会体育指导员、体育经营人员、体育管理人员队伍								√			弱相关
6. 承办市政府和上级体育行政部门交办的其他事项											不相关

注:"职能内容"来自绍兴市政府网站信息,http://www.sx.gov.cn/。

表6-3 和表6-4 可以发现,市台办、体育局职能中也含有科技资源。在两张表中,我们引入了"相关性"这一概念,试图为职能定性,即某项职能与科技资源是否有联系。同样可以发现,局办的某些职能呈现出与科技资源单一相关性,有的职能呈现出复合多项相关性,也有没有相关性的。为此我们界定,在一项职能中,若与3项及以上评价指标相关即为强相关,3项以下的为弱相关,没有的则为不相关。为判定局办职能总体上与科技资源的相关性,如果作进一步设定,1个强相关相当2个弱相关,相关项目在总职能项目中占10%为弱相关;占30%以上为强相关,我们在前期对所有局办职能的汇总分析的基础上,有了惊喜发现,见表6-5和表6-6。

表6-5 绍兴市局办职能科技资源相关性指标统计分析

	信息服务	评奖评优	税收优惠及补贴	产业政策导向	市场准入	相关投资	科技项目	人才培养	政府调控	政策调控
市政府办公室	9	0	1	2	2	1	1	0	2	0
市发改委	1	0	4	14	9	9	7	0	14	0
市经贸委	2	0	1	4	3	2	1	1	3	0
市教育局	1	0	0	1	0	0	2	4	0	0
市人事局	1	1	0	4	1	0	0	5	0	0
市编委办	0	0	0	1	0	0	0	0	0	0
市公安局	1	1	0	0	0	1	1	1	0	1
市监察局	0	0	0	0	0	0	0	0	0	0
市民政局	0	0	0	1	0	0	0	0	0	0
市司法局	0	0	0	1	0	0	0	1	0	0
市劳保局	1	1	0	1	0	1	1	1	0	0
市国土局	1	1	0	4	7	1	1	0	3	0
市规划局	0	0	0	5	3	0	0	0	3	0
市建设局	0	0	0	0	0	0	2	0	0	0
市交通局	1	0	0	4	1	1	0	1	1	0
市水利局	2	1	0	1	4	1	2	0	1	0
市农业局	2	1	1	3	2	2	2	1	3	0

第六章　政府优化科技资源配置案例分析——以绍兴市为例

续表

	信息服务	评奖评优	税收优惠及补贴	产业政策导向	市场准入	相关投资	科技项目	人才培养	政府调控	政策调控
市林业局	1	1	0	2	0	1	1	0	2	0
市外经贸局	1	0	0	5	0	4	0	0	3	0
市文广局	1	1	0	3	4	1	3	1	2	0
市卫生局	1	1	0	4	1	1	1	1	0	0
市人口计生委	0	0	0	2	2	0	0	1	2	0
市审计局	0	0	0	1	0	0	0	1	0	0
市环保局	1	0	0	3	7	1	1	1	1	0
市民族宗教局	0	0	0	0	0	0	1	0	0	0
市统计局	7	0	0	1	0	0	1	0	0	0
市城管执法局	0	0	0	0	7	0	0	0	0	0
市安监局	1	0	0	1	5	0	1	0	1	0
市外事与侨办	0	0	0	1	0	0	0	0	0	0
市台办	2	1	0	1	1	0	1	1	1	0
市商贸办	0	0	0	2	1	0	0	0	1	0
市国有资产监管委	0	0	0	1	3	0	0	0	2	0
市防空办	0	0	0	2	1	0	1	2	0	0
市文物局	0	0	0	1	1	1	1	0	1	0
市公积金中心	0	0	0	0	0	0	0	0	0	0
市工商局	0	0	0	0	1	0	0	0	1	0
市质技局	2	0	0	2	3	0	0	0	0	0
市食品药品监管局	1	0	0	1	1	0	0	1	1	0
市气象局	3	0	0	0	0	0	1	1	0	0
市建管局	1	0	0	2	1	0	1	1	1	0
市体育局	0	0	0	1	0	0	0	1	0	0
市机关事务局	0	0	0	0	0	0	0	0	0	0
小计	44	10	7	83	75	24	34	27	51	1

表 6-6　绍兴市各局办职能科技资源相关性整体评价分析

	强相关项目	弱相关项目	不相关项目	相关性
市政府办公室	2	9	10	强相关
市发改委	13	3	4	强相关
市经贸委	1	8	1	强相关
市教育局	0	6	8	强相关
市人事局	2	5	6	强相关
公安局	1	0	19	弱相关
监察局	0	0	10	不相关
民政局	0	1	23	弱相关
司法局	0	2	8	弱相关
劳保局	1	2	7	强相关
国土局	2	8	3	强相关
规划局	1	5	3	强相关
建设局	0	2	2	弱相关
交通局	0	6	6	强相关
水利局	1	4	5	强相关
农业局	1	5	14	强相关
林业局	1	2	7	强相关
外经贸局	1	7	5	强相关
文广局	3	5	5	强相关
卫生局	1	7	9	强相关
计生委	0	5	5	强相关
审计局	0	2	9	弱相关
环保局	2	8	5	强相关
民宗局	0	1	8	弱相关
统计局	0	8	10	强相关
城管执法局	0	7	1	强相关
安监局	0	8	5	强相关
文物局	1	5	14	强相关
国有资产监督管理局	0	3	4	强相关

续表

	强相关项目	弱相关项目	不相关项目	相关性
台办	1	2	7	强相关
外事侨办	0	1	13	弱相关
市编委办	0	1	9	弱相关
市商贸办	0	2	3	弱相关
市防空办	0	5	5	强相关
公积金中心	0	0	10	不相关
工商局	0	2	10	弱相关
质技局	1	3	4	强相关
食品药品监督局	0	4	9	强相关
气象局	0	5	8	强相关
建管局	1	3	6	强相关
体育局	0	2	4	弱相关
机关事务管理局	0	0	0	不相关

根据表6-5和表6-6的统计分析,在绍兴市政府的42个局办职能中,与科技资源紧密相关的职能主要涉及的是产业导向、市场准入、政府调控等指标;与科技资源强相关的局办达28,弱相关的局办也有11个,而不相关的仅为3个。因此,总体上可以判断为职能局办与科技资源的分布为强相关。

(二)小结

上文的实证分析,以绍兴为例,从一个地方政府局办在纵向和横向的结合上,探讨了科技资源的社会化分布问题。从结果看,科技资源真实地存在于政府各局办。但现实中,对科技资源的认识、使用与整合,与落实科学发展观的要求、加快推进经济发展方式的转变存在较大差距。主要原因在于:

第一,思想认识不够。假若不以绍兴市为例、对政府部门的职能做具体分析,科技资源甚至科技工作主要是科技局的职责,至多与发改委、经贸委、教育局、人事局等部门相关,这就将是一种主导的认识,是认识误区。同样的不准确认识也体现在对科技资源的界定上。我们更多的是简单地认为,只有项目、资金、科技奖励才是可以配置的科技资源。前者束缚了科技创新工作的手脚,致使这项极其重要的工作大大缩小了发展空间;后者致使大量可利用、可开发的资源得不到有效整合,资源闲置、闲散。一句话,思想认识上的偏差,阻碍了以科技创新为动力推动、促进经济发展方式转变的进度。

第二,需求分析不足。科技资源的最终指向在于促进经济社会发展,特别是对于作为市场主体的企业发展来说至关重要。对于企业发展来说,传统的观点更多的是把财政科技资金的投入作为重点,以科技项目的管理、科技政策的制定作为主要抓手。这没有错,但创新主体对于科技资源的需求,无论在内容还是总量上来说,都远不止于此。由上文分析可以发现,科技资源不只有资金、项目、政策,还有信息服务、市场准入、人才培养、政府调控等多方面,而且散布在政府各部门。对需求分析不足,致使政府、企业、社会在科技资源及其配置方面形成不了合力。

第三,整合使用不力。这是与思想认识不够、需求分析不足紧密相关的。现实中,我们为科技而科技的情况大量存在。上文分析中各部门多少都有科技资源,事实上不少部门还设有科技职能的处室,但大多自成体系,条块分割,资源不能共享。不少部门不仅直接掌握科技资源,而且一些评奖评优、人才培养、信息服务等政策或措施,其实都可以寻找到与经济的结合点,转化为科技资源。还有一种非常突出的现象是,科技资源被闲置、不利用;没有产生效益效能,实际上也不能算是资源,也就是科技不经济现象。因此,科技资源需要而且必须整合,在与经济社会发展中得到优化配置、高效、集约的使用。

第七章 我国政府优化科技资源配置政策建议

在对政府优化科技资源配置系统和配置评价体系分析的基础上,本章主要对政府优化科技资源配置提出相关政策建议,包括现有国际经验借鉴、我国政府优化科技资源配置体系的建设思路,以及最终的对策建议三个部分。

一、政府优化科技资源配置的国际经验借鉴

(一)准确定位政府行为,设立促进创新的政府机构

1. 准确定位政府行为

在科技资源配置中,政府是参与创新活动的特殊主体,把握政府的合理定位是确保系统正常运转、提升系统绩效的基本前提。根据其他国家的经验,政府在创新体系中应主要定位于保障国家安全、提供公共物品和服务,以及营造利于创新的环境。

例如,美国政府在科技资源配置体系中的定位相当明确,总体来说,除了保障国家安全之外,政府在提供公共物品和服务,以及创新环境建设方面发挥了重要作用。主要体现在:第一,为实现公共目标而配置公共资源,合理管理支出,为确保公共利益的实现而监督和管理私人活动。美国政府对研发的介入非常有选择性,通常只支持三种类型的研发活动,第一类涉及基础研究,第二类与政府自身需要有关,第三类旨在提高某个特定产业或厂商群商业竞争力的机会。第二,创造一个使私营企业的创新和竞争活动得以繁荣的商业环境。

包括减少在新技术开发和商业化过程中不必要的法律、制度和经济障碍;评估所提出的法律和规章在美国竞争中的效果;制定促进创新的政策;等等。基于这一定位,美国政府着手改革现行的联邦规章制度,力求实现在环境、公共健康与安全、消费者保护和其他方面最大限度地减少企业负担,以企业精神改革政府,简化政府工作程序,减少不必要的规章制度。

英国政府《科技政策白皮书》所倡导的精神是:政府应当是科学基础的主要投资者、大学和企业合作的服务者、创新的管理者和公共科学信仰的推动者,要通过配置资源和制订激励计划来推进公共服务创新。政府的具体职责是:通过制度安排,保障创新收益;优化配置创新资源,建立私营和公共部门的平衡机制,在实现对私营部门最有效刺激以促进创新的同时,保持足够的"公共性"以推进创新成果的社会应用;通过公共投入杠杆,矫正市场选择所造成的缺乏协调、公益研究落空的偏差。

2. 设立促进创新的政府机构

为了技术创新活动的有效开展,许多国家近年来都建立或扩大了专门的推动技术进步和技术创新的机构,包括荷兰、法国、冰岛、爱尔兰、日本、新西兰、挪威、韩国、瑞典、瑞士、英国、丹麦和西班牙等。这些国家都有像美国国家科学基金会那样主要资助基础研究的机构,但他们认识到,要想在激烈的国际竞争中取胜,还特别需要促进技术创新。多数创新促进机构隶属于一个国家内阁级的部门,但具有一定独立性,保持独立运作。许多创新促进机构在推动国家创新和创新体系建设中发挥了重要作用。

例如,过去20年,荷兰从一个严重依赖自然资源的国家转变成一个技术领先国,荷兰国家技术创新局的作用不容忽视。国家技术创新局隶属于贸工部,它为企业的许多研究项目以及产学研合作提供资助,在荷兰科技资源配置中一直发挥着重要作用。美国于2007年通过的《美国竞争法》提出,要成立总统创新与竞争力顾问委员会,主要负责制定创新议程,监督创新政策的实施,针对全球竞争力和创新趋势向总统提出建议等。2008年,美国也提出了创建国家创新基金会的设想,并且在此设想基础上进一步提出了在总统行政办公室设立国家创新委员会的建议。南非科技部在2007年取消了原有的科学技术专家服务司、前沿科学技术司、政府部门项目与协调司,并新组建了研究开发与创新司、人力资本与知识体系司及社会经济伙伴关系司,主要从事与创新有关的研究与扶助工作,并计划在2008年组建技术创新局。新加坡成立了以总理为首的"研究、创新和企业理事会"以及由副总理领导的"国家研究基金会",全力促进创新和研发活动。

(二)关注创新体系的开放性,加强创新主体间的合作与互动

1. 关注创新体系的开放性

越来越多的国家意识到,科技资源配置是一个开放的系统,尤其是在经济、科技全球化背景下,本国的创新体系"能否融合到有关全球知识集中的网络是发展的关键"。

例如:韩国政府认为,在这个开放和全球化的时代,国际部门不再是一个环境变量,而是研发活动的重要参与者,韩国的研发体系要变为全球联网,推动新的创新体系从"本国决定型"变为"全球网络型"。为此,韩国政府主要考虑这样几个因素:(1)摒弃传统上将外国部门看作是环境因素或是继工业、学术、研究机构等部门之后的第四个因素的观点,为此需要建立一个新的创新体系,并且对外国部门不能歧视。(2)扩大韩国的基础,包括研发劳动力、设施、税收和银行业,使之适应研发活动的需要。韩国的研究机构可以借此来吸引外国的研究机构。(3)政府必须积极促进别国的研究机构、劳动力和研发活动的发展,并大胆地开放韩国的研发体系。(4)积极参加诸如世

贸组织、经合组织这样的国际组织。加入这样的组织对于制定与科技有关的国际法规以及改进和完善有关体制使之符合国际标准和规范至关重要。

印度的创新体系建设也非常关注开放性。印度政府表示,要通过国际合作促进印度学术机构和实验室与世界各地同行之间的国际合作计划,尤其是直接惠及印度科学发展和安全目标的那些计划,也包括作为平等伙伴参加的大科学项目。特别强调与发展中国家特别是周边国家的合作,充分利用国际科技合作给国家带来更多的利益。

2. 加强创新主体间的合作与互动

大力开展国际科技合作一直是欧盟的重要战略。通过尤里卡计划、欧洲科技合作计划和欧盟的系列框架计划的实施,以及制订有关欧洲发展的战略计划,欧盟大大提高了其创新能力与国际竞争力,除欧盟成员国内部的科技合作之外,欧盟还加强了同第三方的合作,如牵头实施了伽利略计划、国际热核聚变实验堆计划(ITEB)等国际大科学工程等。此外,在"欧盟第七框架计划"中,原有的国际科技合作专项(INCO)被取消,代之以 10 个研究主题领域全部向第三国开放。

英国于 2006 年 10 月发布了《研究与发展国际合作战略》,首次提出英国国际科技合作的四大功能和目标以及七大战略建议。创新、大学和技术部(DIUS)于 2008 年 3 月发布的《创新国家白皮书》提出,创新日益成为一项国际行动,为此,DIUS 将制定一项国际战略,使英国最具创新力的企业能够使用欧洲单一市场和受新技术推动的全球市场。

荷兰科技政策委员会 2003 年出台的《知识、创新和国际化》报告指出,通过国际化、竞争和合作,荷兰可以提高研究质量,减少知识生产的重复,将现有资源进行整合。荷兰国家技术创新局(TEKES)仅 2006 年就资助了大约 50 个中荷研究合作项目,包括与中国科技部之间的纳米项目合作、与上海未来宽带技术及应用工程研究中心的合

第七章 我国政府优化科技资源配置政策建议

作等。

科技资源配置的一个基本思想是:单个创新主体的强势不一定会使整个系统表现出足够高的效率,而只有当包括企业、大学、中介机构等在内的创新主体之间具有很强的相互作用时,系统才能有效,才能保证以企业为主体的创新活动的顺利开展。因此,一个运行良好的科技资源配置系统应满足各创新主体定位明确、分工合理,且相互之间能够形成密切联系和良性互动。各国政府自觉或不自觉地运用这一理论,在加强主体间的互动、推动科技成果转化方面做了大量工作。

美国在这方面的做法主要有:第一,通过大型科技发展计划促进系统各要素间的互动。联邦政府通过不断推出企业、大学和研究机构共同参与的大型科技发展计划,增强了创新体系要素间的互动,促进了科技资源配置网络的不断完善。例如:技术伙伴计划、先进技术计划、未来产业计划等。第二,允许企业之间进行联合研究开发。美国有效的专利保护制度和反垄断法在刺激企业创新和促进技术在一定时期迅速扩散之间形成了一种平衡,这两种制度都是从美国本国利益最大化的角度出发制定和执行的。总体来说,知识产权保护是刚性的,而反垄断的执行是柔性的。面对国际竞争的现实,80年代政府在反垄断方面放松了有关管制,规定联合从事"竞争前技术"的研究开发,不形成"托拉斯"垄断,默许通过国内企业并购行为来增强本国产业在国际市场的竞争力。第三,加强官产合作,直接支持企业技术创新和支持技术推广。从20世纪80年代起,联邦政府开始关注"官产学结合"问题,并开展了一些激励工业界R&D的计划,其中最重要的有:小企业创新研究计划,先进技术计划和制造技术推广计划等。此外,各部门还有一些"官产合作"计划,但政企利益一直有严格的区分,公认的原则是:政府扶持技术创新活动应限制在"竞争前"的阶段,即尚未形成具有实质市场前景产品的阶段。

日本和韩国在促进官产学研结合方面的做法也很值得我们借鉴。日本高素质软件人才的培养有其独特的模式——采取国家、企业、私人并举，产学研结合的方式来培养。大的软件公司都设有自己的培训部门或中心，根据市场和公司的需求培养动手能力强的制作和编程人员，他们不仅可以获得专业证书而且可以获得学位。一些大公司还与高校和社区学院合办培训项目或委托社区学院代办培训项目。社会上还有名目繁多的私人培训公司、咨询公司，利用业务时间培训在岗人员，如日立公司的软件人才培养由在岗培训、脱产培训和自我教育三方面组成。

韩国产学研合作在组织形式上以组建产学研研究共同体、成立大学科技园以及参与国外产学研合作等方式为主，但又不拘泥于某一固定的合作形式，而是根据合作条件和各方意愿，进行两方或三方的自由组合，选择最佳的合作方式，一般以企业为研究开发主体，产学研合作的组织和目标紧密围绕企业需求而展开。发达的政府科技创新管理体系、科学发展计划引导与健全的法律保障、研发经费投入与监管制度等，这是韩国有效开展官产学研合作的重要条件。

（三）制订和完善创新政策和计划，激励企业提高创新能力

1. 制订和完善创新政策和计划

不断制订和推出新的创新政策和计划已成为各国政府促进创新的最重要手段。2006年1月，美国开始实施为期10年的《美国竞争力计划》，以提高本国的创新能力和长远竞争力。2005年10月12日，欧盟通过了《创新行动计划》，旨在集中一切可以利用的工具激活各项创新活动。2007年，欧盟第七框架计划（FP7）正式启动，通过创新和科技进步为实现里斯本战略目标服务是该计划最主要的战略指导思想。2006年3月，日本内阁会议通过了《第三期科学基本计划（2006—2010）》提出了"创新者日本"的目标，以此推动科技资源配置

体系的变革。2007年6月,日本内阁通过了《创新25》,提出了面向2025年的创新型国家远景目标和创新途径,强调要从根本上加强面向20年后的科学技术投资,重新审视促进创新的各种制度和规则,完善"创新立国"的推进体制。2007年,韩国颁布了国家中长期研发战略《国家研发事业总路线图》,对韩国未来15年的研发事业进行了总体设计。这些战略与计划明确了各国建设和完善创新体系的具体措施。

2. 激励企业提高创新能力

企业是创新活动的主体,培育企业创新能力对于提高国家整体创新能力具有重要影响。因此,世界各国纷纷采取各种措施努力提升企业技术创新能力:一方面,各国通过出台相应的计划措施促进企业开展研发活动。如美国2007年新启动的技术创新计划,其主要目的是帮助美国企业在国家急需的重点领域实施高风险、高回报的研究;澳大利亚先后出台了《农业公司的研发计划》、《食品杰出人才中心计划》及《食品创新基金计划》等,鼓励企业开展研发活动。另一方面,各国还通过对企业研发活动减免税收而刺激企业从事技术研发。2006年,在30个经合组织成员国中,有20个对企业研发活动给予税收减免,而在1995年只有12个国家这样做。同时,大多数国家的研发税收减免程度都在逐年提高。2006年,美国因减免研发税收而少收的税款为50亿美元,法国和英国约为10亿美元,荷兰、墨西哥、澳大利亚、比利时为3亿~4亿美元。澳大利亚《企业研发减税计划》规定:研发费用的125%可以减税;如果当年的研发投入超过3年来研发投入的平均数,可以享受研发费用的175%减税优惠。在此计划下,2006—2007年,共有2165家公司申请研发费用125%减税,300家公司申请研发费用175%减税。此外,针对研发人员的个人所得税的税收优惠政策,对在企业从事研发的科技人员减免25%~50%的报酬预扣款。比利时企业每新增一名科研人员每年可免除1万欧元的盈利税;对在比利时临时工作的外国科技带头人免除工作所得税,并对其子女的教育经费给予补贴;研发投资可享受税收优惠,一次性扣除比例为 13.5%,分期扣除比例为 20%。

(四) 推动城市创新体系建设

相对于科技资源配置大的系统,区域创新体系建设更具有实际操作性。目前,越来越多的国家开始关注区域创新体系,尤其是城市创新体系建设。欧美已经形成了较为成熟和完善的城市创新体系;日本通过建立以城市为中心的区域知识集群、制定各种各样的地域振兴政策以及对研究开发据点进行整治等手段,助推城市创新体系建设;韩国自 1995 年开始加强区域创新体系的研究和政策体系的建立,现已形成发达的、发展中的和欠发达的多层次城市创新网络。

英国政府认为,空间上的创新战略必须建立在各个地区的特色基础之上。为了确保创新利益能够惠及英国各地,DIUS 将风险资本、大学、企业和地方政府联系起来,共同制定应对地方和区域挑战的创新解决方案;技术战略委员会和地区发展机构(RDA)共同制定战略,为技术研究、示范和创新平台提供资助;DIUS 与技术战略委员会等部门一起协调实施国家和区域创新计划,必要时,要利用跨区域的协议来推动跨地方行政部门的创新。

二、我国政府优化科技资源配置体系建设思路

(一) 政府激励和市场压力催生系统创新

能否保持持续不断的创新动力,是科技资源保持活力和提升系统绩效的决定性因素。就单一企业的创新活动而言,熊彼得认为创新的动力在于企业家精神。不同于资本家和股东,企业家是具有冒险和开拓精神的"一种特殊的类型",是"实现新组合的实体"。企业

家精神是企业家追求自我实现需要的满足,是企业家为了体现自己特殊的权力和地位、展示自己才华、获得事业成功的欲望。正是这种可贵的企业家精神使得各种创新活动和成果能够不断涌现。也就是说,企业家或企业家精神是企业创新的动力源。

然而,作为一个复杂的巨系统,科技资源体系包括企业、大学、科研机构和中介结构等多个创新主体,这决定了创新体系的动力来源应当是多方面的,覆盖了创新链条的各个环节。例如,推动企业创新的是企业家或者说企业家精神,推动科学研究创新的是科研人员或者说是科学精神,形形色色不同特质的人和这些人所具有的精神气质共同推动着创新。也就是说,科技资源配置的动力源是各类从事创新活动的人。每个人自身所具有的精神气质决定了其内在创新动力的强弱,而外在的政府政策激励和市场、环境压力进一步激发了人的潜能,使其内在的创新动力得到释放。

美国的创新体系能够长期保持强劲的动力,也主要源于政府激励和市场竞争的压力两种力量的合力。

(二)遵循科研发展规律和经济运行规律

创新包括技术创新、组织创新、管理创新、制度创新等多种形式,科技资源配置体系是围绕技术创新的完整链条而展开的一组制度设计。而技术创新是指从一个理念的产生直到实现商业价值的全过程,既包括科学研究活动,也包括研究成果实现商业化的活动过程;既包括从事科研活动的机构和人员,又涉及从事生产经营活动的相关机构和人员。因此,科技资源配置、建设和运行必须既要遵循市场规律,又要遵循科研规律;从长远来看,既要培育健康的市场环境,又要培育科学共同体,营造和净化学术环境和创新氛围。只有深入研究和遵循这两种规律,找到两种规律的契合点,才能真正把科技植入经济。

(三)合理定位政府行为是关键

在金融危机引致全球经济衰退的背景下,政府与市场的关系再一次成为各方关注的焦点。在一切能够破坏市场的力量中,政府是最大的强制性力量,也正是因为如此,这种力量往往会由于各种原因而被滥用,要审慎节制地运用政府力量十分困难。科技资源配置本质上是一种制度安排,作为科技资源配置的特殊主体,政府通过制定创新政策和游戏规则影响创新活动,并以此参与到创新活动中。由于政府与市场是影响创新过程的两种完全不同的力量,且政府对资源具有强大的配置力,政府力量的滥用会对市场环境和规则造成极大的损伤,因此,在科技资源配置体系建设过程中必须把握好政府的合理定位,要充分发挥市场的调节和资源配置作用。政府应更多地关注市场失灵环节,更多地关注公共研发和服务领域,充分发挥其公共职能,既不能越位,也不能缺位。相比之下,越位往往比缺位更容易造成系统失灵。

作为一种制度安排,科技资源配置体系建设的核心和关键就是找准政府定位,处理好政府与市场的关系。

(四)有效的制度安排是核心

科技资源配置作为一个系统,是要在国家整体框架之下,通过制度设计,促进包括创新所需资金、人才和知识等各类创新资源在从事创新活动的各机构之间的合理流动和有效配置。各国的资源禀赋、已形成的市场规模、当前的科技经济发展水平,决定了科技资源配置体系建设的不同基础,而制度设计决定了创新体系的绩效。因此,有效的制度安排是科技资源配置的核心。

创新是一个经济学概念,这决定了建设和完善科技资源配置体系不是目标,而是一种促进经济发展的有效手段。科技资源配置建

第七章　我国政府优化科技资源配置政策建议

设的直接目标是合理配置资源,提高创新资源的使用效率;间接目标是提升国家整体创新能力;最终目标是通过创新提高国家经济效益,实现国家利益。

三、我国政府优化科技资源配置的对策建议

(一) 基于政府层面的对策建议

借鉴国外有益经验,本书对科技资源配置的基本认识是:我国的创新体系建设必须是以体制机制为核心,以开放流动为特征,以提高整体效率为目标。具体来说就是:

1. 加强顶层设计

要加强创新体系的顶层设计与统筹部署,发挥促进创新的政府机构的作用,建立健全协调推进机制。以体制机制改革为核心,以监督评价为主要手段,以营造良好的创新环境为主要内容,促进科技资源优化配置,提升创新能力,服务于创新型国家建设目标。

2. 把握政府定位

积极把握政府的合理定位,把提升公共科研供给能力作为重要抓手。充分发挥政策和投入的导向作用,通过制定相关政策和调整科技投入的方式、方向,加强公共科研机构和研发平台的布局和建设,进一步引导各类公共科研机构明确定位、完善功能。同时,必须借助政策、资金投入等手段,建立有效的激励机制,充分调动人的积极性和创造性,形成持续的系统创新动力。

3. 遵循客观规律

要遵循科研规律和市场规律,既要加强知识生产能力,又要提高科技成果转化能力;既要使科技服务于经济建设,又要使科技发展的方向与路径建基于市场和产业需求,真正把科技植入经济。

4. 抓好薄弱环节

要把创新链条薄弱环节作为政府的着力点,政策设计应从加强主体能力建设转向加强网络架构和强化主体间关系建设,加快研究和制定有利于科技中介服务体系建设的相关政策,使各创新主体间形成良好互动和联动。

5. 关注体系开放

合理配置和利用各类创新资源,不仅要加强各系统内各主体的开放性建设,实现系统内部的资源共享,也要充分发掘和利用全球创新资源,建设更加开放的科技资源配置体系。

(二) 基于企业层面的对策建议

1. 要突出主体

积极推进以企业为主体,市场为导向,产学研相结合的技术创新体系。要充分发挥企业的主体作用,加大研发投入,使企业真正成为发现创新、提出创新、投入创新、实践创新和享受创新的主体;高校和科研机构要以贡献社会和服务经济为使命,以实际应用为导向,在加强产学研结合中发展自身,发挥应有的作用;政府要积极引导,加强对创新主体的责任落实,在配置中要充分体现这些主体之间的诉求,把握规律,达到创新体系的可持续发展。

2. 要形成系统

科技资源配置不是简单的分配,而是一个不同参与者之间相互作用的复杂过程,参与和影响配置活动的各方面因素都必须作为一个系统来整体考虑。其中,资源配置主体之间有个合作博弈的优化过程,而诸主体本身之间也有个合作博弈问题,即企业与企业之间、部门与部门之间都有一个对配置资源的整合和扩展、资源配置方式选择的问题,因而应当将科技资源要素按一定的规则组合为一个有机整体,形成一种科技资源优化配置系统,主要包括:营造平等竞争

第七章 我国政府优化科技资源配置政策建议

的氛围;减少资本、人才流向科技创新密集区的阻力;保护知识产权,保护创新者的权益;着力开展共性关键技术联合攻关,加强平台建设;等等。共同作用,努力促进重大技术变革和行业技术创新水平提升。

3. 要注重协调

积极协调政府、企业、高校、科研机构等配置主体之间的资源配置,要注重协调前沿性基础研究与应用性转化研究、传统产业的改造提升与高新技术的互动发展、行业共性关键技术的联合攻关与企业内部研发之间资源配置,协调好研发体系中上、中、下游之间的资源配置即产学研各环节之间资源配置的优化问题,最大限度地提升科技资源要素的使用效能。

(三) 形成创新合力

我们要把科技创新当作重大战略来推进,把科技创新工作从行政推动、政策鼓励提升为全社会自觉的行动,成为各部门内生的动力,成为解决所有问题、应对一切困难自觉首选的思维方式,使科技创新服务体系适应新时期、新形势下区域经济社会发展的需要,适应产业转型升级的需要。

1. 战略层面

在创新主体的培育上,由重项目支持向企业整体创新能力提升的转变;在科技资源的配置上,由分散使用、被动受理向集成使用、主动设计转变;在创新主导模式上,由各部门独立运作、注重纵向管理,向统一运作、增强合力,重视区域整体创新能力,注重全社会经济社会效益转变;在科技服务手段上,由单点服务向推进创新平台建设服务转变;在创新能力提升上,更加重视知识产权和创新人才集聚。

从区域实际出发,一定时期内可以确定"五大行动":(1)合力创新行动。确定区域内每个科技管理部门和单位在促进产业转型升级、促进经济社会发展中的职责和具体分工,并制定相应的考核指标。(2)平台建设行动。建立工业、农业、卫生、医药、教育等五大平台,每个平台下建立若干适应地方经济社会发展需要的行业发展实验室。所有平台和实验室都是公共科技资源,全社会共享,公共资源对外开放。(3)主体培育行动。培育科技型企业要切实体现企业的主体性地位和作用,实行培育项目由企业自己定,成果由企业独享,政府给予不同的补贴。(4)产学研联盟行动。加强与名校大院联办研究中心、共建研究所、联办企业等高层次的技术、人才和资本三位一体的合作。(5)重大项目科技招商引资行动。通过团队式引进人才,捆绑式引进高技术项目,推进产业转型升级。

2. 具体举措和建议

要营造氛围,组织合力创新大讨论,制定出台《创新性城市建设行动纲要》,推动经济发展从要素驱动向创新驱动转变、区域制造向区域创造转变;要建立组织,设立"合力创新委员会",统一领导、筹划和推进区域科技创新工作;要强化考核,健全科技创新绩效考核评估机制,设置科学的量化考核指标体系,尤其要大大增加创新成果的质量和所产生的效益在考核指标体系中的权重,制定科学的考核周期;要注重协调,强化科技局的整体协调作用,形成大科技的格局;要发挥专家作用,设立科技创新专家咨询组织,对科技资源的有效保护、合理开发、永续利用和市场定位提出建议,对科技发展政策、科技资源共享政策进行研讨,并通过产业联盟、区域发展联盟的平台参与科技规划的制定和重大项目、共性关键技术的确定和重点科技企业的发展策划等;要加强科技投入,建立多元化多渠道的科技投入体系,加大对产业关键技术、共性技术研究开发的资金投入,加强对高新技术成果转化、公共技术平台建设的政策扶持,增加利用高新技术改造提升传统产业并促进传统产品更新换代的补助,建立和完善创业风险投资机制;要重视科技人才,进一步完善人才引进机制,出台企业引才激励政策,吸引更多更好的科技人才到绍兴创新创业;要深化科技管理体制改革,建立健全科技决策和协调机制,积极推进科技计划体制改革,深化科技项目管理制度改革。

参 考 文 献

阿兰·兰德尔.资源经济学[M].北京:商务印书馆,1989:12.

陈慧,孙琳,戴磊.吉林省科技资源配置有效性评价研究[J].情报科学,2010,28(5):732—735.

程秋.基于DEA的勘察设计企业工程总承包经营绩效评价[D].长沙:中南大学硕士论文,2009.

迟国泰,隋聪,齐菲.基于超效率DEA的科学技术评价模型及其实证[J].科研管理,2010,31(2):94—103.

丁厚德.科技资源及其配置的研究[J].中国科技资源导刊,2009(2):1—7.

丁岚,王分棉.基于科技资源配置效率视角对北京高新技术产品国际竞争力的实证分析[J].中国工业经济,2008(3).

冯永田.区域科技资源配置与使用的研究[D].武汉:武汉理工大学博士论,2005.

管燕,吴和成,黄舜.基于改进DEA的江苏省科技资源配置效率研究[J].科研管理,2011,32(2):145—150.

郭庆旺,贾俊雪.政府公共资本投资的长期经济增长效应[J].经济研究,2006,7.

侯光明等.现代管理激励与约束机制[M].北京:高等教育出版社,2002.

贾岩.基于Cross-efficiency DEA算法的区域科技资源配置效率测算研究[J].现代情报,2009(2).

近榕,徐淑英.国有企业的企业文化:对其维度和影响的归纳性分析[A].徐淑英,刘忠明.中国企业管理的前沿研究[M].北京:北京大学出版社,2004.

李丹,孙萍,王洪川.国外科技创新体系建设措施及启示[J].科技管理研究,2009.

李丹.国外科技创新体系建设新趋势[J].科技成果纵横,2008.

李惠娟,赵静敏,上官敬芝.城市科技资源配置效率的 DEA 两阶段方法评价——基于江苏省十三个城市的研究[J].科技管理研究,2010(19):57—60.

廖楚晖.中国人力资本和物质资本的结构及政府教育投入[J].中国社会科学,2006,1.

林汉川,夏敏仁.中小企业发展中所面临的问题——北京、辽宁、江苏、浙江、湖北、广东、云南问卷调查报告[J].中国社会科学,2003(2):84—94.

刘靖雯.我国中小企业信息资源共享的障碍分析[J].现代情报,2009.

刘玲利.基于系统视角的科技资源配置行为分析[J].科技进步与对策分析,2009,14.

刘玲利.科技资源配置机制研究——基于微观行为主体视角[J].科技进步与对策,2009,15.

刘玲利.科技资源配置理论与配置效率研究[D].长春:吉林大学博士论文,2007.

罗珊.区域科技资源优化配置研究[D].长沙:中南大学博士论文,2008.

迈克尔·波特.国家竞争优势[M].李明轩,邱如美(译).北京:华夏出版社,2002.

米文博.论我国金融体系的特征及其对中小企业融资的影响[J].工会论坛,2008,7:78—79.

皮埃尔·布迪厄.文化资本与社会炼金术——布迪厄访谈录[M].包亚明(译).上海:上海人民出版社,1997.

师萍,李垣.科技资源体系内涵与制度因素[J].中国软科学,2000,11.

石风光,周明.中国地区技术效率的测算及随机收敛性检验——基于超效率 DEA 的方法[J].研究与发展管理,2011,23(1):23—30.

孙宝凤,李建华,杨印生.运用 DEA 方法评价地区科技资源配置的相对有效性[J].数理统计与管理,2004,23(2):52—58.

孙宝凤,李建华.基于可持续发展的科技资源配置研究[J].社会科学战线,2001,5.

孙威,董冠鹏.基于 DEA 模型的中国资源型城市效率及其变化[J].地理研究,2010,29(12):2155—2165.

孙玮,王九云,成力为.技术来源与高技术产业创新生产率——基于典型相关分析的中国数据实证研究[J].科学学研究,2010,28(7):1088—1093.

汪冬华. 多元统计分析与 SPSS 应用[M]. 上海:华东理工大学出版社,2010:248—250.

汪贤裕,肖玉明. 博弈论及其应用[M]. 北京:科学出版社,2008.

王朝云. 企业技术创新的经济特征、产权主体与创新效率关系[J]. 技术经济,2005,1:12—24.

王凤彬. 科层组织中的异层级化趋向——基于宝钢集团公司管理体制的案例研究[J]. 管理世界,2009,5:56—63。

王海燕. 国家创新体系建设:经验、思考与启示[J]. 科技与法律,2010.

王立宏. 技术创新过程的演化特征分析[J]. 黑龙江社会科学,2009,2:81—84.

王莹. 东北老工业基地科技资源优化配置研究[D]. 长春:吉林大学硕士论文,2006.

魏守华,吴贵生. 区域科技资源配置效率研究[J]. 科学学研究,2005,4.

吴春波,曹仰峰,周长辉. 企业发展过程中的领导风格演变:案例研究[J]. 管理世界,2009,2:123—137.

吴和成,华海岭,杨勇松. 制造业 R&D 效率测度及对策研究——基于中国 17 个制造行业的数据[J]. 科研管理,2010,31(5):45—53.

吴献金,陈卓. 泛珠三角区域科技资源配置的实证研究[J]. 科技进步与对策,2010,27(17):51—54.

吴永忠. 自主创新与科技资源的配置问题[J]. 自然辩证法研究,2007,1.

仵凤清,盛肖,何健. 基于聚类分析的北京市科技资源配置与优化研究[J]. 中国科技论坛,2011,4:11—14.

徐宝明. 创新立项管理机制提高资源配置效率——对科技立项机制创新的思考[J]. 云南科技管理,2003.

余仁田,李玲. 我国中小企业的特征及其发展策略[J]. 安徽教育学院学报,2007,1:55—59.

张公毅. 区域科技资源配置效率评价研究[D]. 青岛:青岛理工大学硕士论文,2010.

张静,曾金玲,王卉婷. 中国私营中小企业成长的现实障碍[J]. 宏观经济研究,2008,5:68—74.

张宁辉,胡振华. 技术创新特征及其对企业组织结构选择的要求分析[J]. 当代财经,2007,11:73—77.

钟荣丙.整合科技资源,促进地方科技发展[J].技术经济,2006,25(7):19—22.

周寄中.科技资源论[M].西安:陕西人民教育出版社,1999.

邹纯和.中小企业组织创新的行为特征分析[J].陕西行政学院学报,2008,8:116—118.

Biggadike E Ralph. Corporate Diversification: Entry, Strategy, and Performance, Division of Research[M]. Harvard Business School, 1979.

Chandler G, Hanks S. An Examination of the Substitutability of Founder's Human and Financial Capital in Emerging Business Ventures[J]. Journal of Business Venturing, 1998,13:353-369.

Cohen Linda. When Can Government Subsidize Research Joint Ventures? Politics, Economics,and Limits to Technology Policy[J]. The American Economic Review, 1994,84(2):159-163.

Cooper L N, Moor. "Shall we deconstruct science?" from Discussion: Psychology: From Hysteria to the Therapeutic Society. Partisan Review, 1979. LXIV(2): p. 232-245.

Guellec D, Van Pottelsberghe. The Impact of Public R&D Expenditure on Business R&D[J]. Economics of Innovation and New Technology,2003, 3:225-243.

Liu Day-Yang,Lon-Fon Shieh. The Effects of Government Subsidy Measures on Corporate R&D Expenditure: A Case Study of the Leading Product Development Programme[J]. International Journal of Product Development,2005,2(3).

Eisenhardt and Schoonhoven. Raw Ideas Equals 1 Commercial Success [J]. Research Technology Management,1990,40(3).

Furman J, Porter M and Stern S. The Determinants of National Innovative Capacity [J]. Research Policy,2002,31(2).

Herriott R E, Firestone W A. Multisite Qualitative Policy Research: Optimizing Descriptions and Generalizability[J], Educational Researcher,1998,12(2):14-19.

Javier M Ekboir. Research and Technology Policies in Innovation Systems:Zero Tillage in Brazil[J]. Research Policy,2003,32(4):573-586.

Jorg C Mahlich,Thomas Roediger-Schluga. The Determinants of Pharmaceutical R&D

Expenditures: Evidence from Japan[J]. Review of Industrial Organization, 2006, 28(2): 145-164.

Katharine Wakelin. Productivity Growth and R&D Expenditure in UK Manufacturing Firms[J]. Research Policy, 2001, 30(7): 1079-1090.

Lee T L, Using Qualitative Methods in Organizational Research. Beverly, Hills, CA: Sage, 1999.

Quinn. R&D Option Strategies[R]. Working Papers Eramus University, University of Chicago Graduate School of Business, 1985.

Quinn. The Determination of the Order of an Autoregression[J]. Journal of the Royal Statistical Society, 1979(41): 190-195.

Renaud Bellais. Post Keynesian Theory, Technology Policy, and Long-term Growth[J]. Journal of Post Keynesian Economics, 2004, 26(3): 419-440.

Romer P M Increasing Returns and Long-run Growth[J]. Journal of Political Economy, 1986, 94(5).

Samuelson Paul. The Pure Theory of Public Expenditure[J]. Review of Economics and Statistics, 1954 (36): 387-398.

Seung-Hoon Yoo. Public R&D Expenditure and Private R&D Expenditure: a Causality Analysis[J]. Applied Economics Letters, 2004, 11(11): 711-714.

Wu Yonghong. The Effects of State R&D Tax Credits in Stimulating Private R&D Expenditure: A Cross-state Empirical Analysis[J]. Journal of Policy Analysis and Management[H. W. Wilson-SSA], 2005, 24(4): 785-802.